谨以此书

献给我深切怀念的父亲丁付华

搞定癌细胞

十六计

丁晶真 ——— 著

玉蛋白 ——— 绘

上海科技教育出版社

图书在版编目(CIP)数据

搞定癌细胞十六计/丁晶真著. —上海：上海科技教育出版社,2024.11

ISBN 978-7-5428-7991-2

Ⅰ.①搞⋯　Ⅱ.①丁⋯　Ⅲ.①癌细胞—细胞生物学—普及读物　Ⅳ.①Q279-62

中国国家版本馆CIP数据核字(2024)第010529号

责任编辑　郝　莹
装帧设计　李梦雪
绘　　图　玉蛋白

GAODING AIXIBAO SHILIU JI

搞定癌细胞十六计

丁晶真　著

出版发行　**上海科技教育出版社有限公司**
　　　　　　(上海市闵行区号景路159弄A座8楼　邮政编码201101)
网　　址　www.sste.com　www.ewen.co
经　　销　各地新华书店
印　　刷　上海中华印刷有限公司
开　　本　720×1000　1/16
印　　张　14.25
版　　次　2024年11月第1版
印　　次　2024年11月第1次印刷
书　　号　ISBN 978-7-5428-7991-2/N·1215
定　　价　78.00元

推荐序

在太平洋上空,从旧金山飞往国内的航班上,我一口气读完了晶真的《搞定癌细胞十六计》。作为一名从事癌症研究的科学家,我一直在纠结一个问题:"做出一款创新的抗癌药和写几本抗癌科普书,哪种方式对人类健康更重要?"研发抗癌药太难了,时间太久,成功的概率太低,难免心有戚戚焉。我个人于2020年和2023年先后出版了两本科普书,分别是《大健康通识课》和《抗衰》,受到不少读者的好评,似乎也影响到了很多人。我有时候会思索,是不是写一本优秀的科普作品,对公众的健康影响更大、个人也更有成就感呢?可惜,尽管我一直有冲动想创作第三本科普书,但是由于各种原因,始终未能如愿。令人高兴的是,《搞定癌细胞十六计》做到了,这是一部优秀的科普作品,能让读者对癌症有更加深刻的理解。读了这本书,我们可以将"谈癌色变"的现象转为"搞定癌细胞"的自信!

《搞定癌细胞十六计》用16个计谋描述了各种各样的抗癌手段。用金庸的武侠小说切入话题,生动有趣且引人入胜。我曾经以金庸武侠小说的风格写过一些百华协会抗击疫情的故事,个人非常喜欢这种科普写法。

本书全面介绍了人类抗癌的历史和人物。我看到许多熟悉的科学家,他们始终奋斗在抗癌的第一线:美国的温伯格、罗森博格、朱恩等,中国的吴一龙、范晓虎等。普通读者对他们的故事不一定熟悉,但是他们是一群可歌可泣的抗癌战士。搞定癌细胞的历史同时也是生物技术发展的历史，毕竟半数以上的创新药和生物医药公司是专注研发抗癌药物的。研发抗癌药物的科学家不仅要有一箭双雕的本领，还要有笑傲江湖的勇气。

我一直喜欢把免疫系统的细胞比喻成军队里的各种兵种：特种兵（T细胞）、通信兵（树突状细胞）、装备军（B细胞）、卫兵（巨噬细胞）和巡警（自然杀伤细胞）。本书详细介绍了各种类型的细胞的功能，让读者很容易联想到它们在战场上发挥的作用。搞定癌细胞是一场人类身体系统内部的战争。要打赢这场战争，各个战场都要赢。

癌细胞千变万化，对付它们的方式也有多种多样。没有单一的治疗方法能够解决问题。癌细胞最可怕的地方是转移和耐药性。科学和癌细胞的博弈是"道高一尺、魔高一丈"的过程。了解癌细胞，了解癌细胞的变化，了解治疗方案的利弊，了解最新科学技术的进展，抗癌是一个不断学习的过程。《搞定癌细胞十六计》为我们提供了一系列有效的策略，掌握了这些策略，再遇到类似的问题，我们可以按图索骥，打赢与癌细胞的这场战争！

余国良博士

《抗衰》作者

2024年7月

前言

　　100余年前,鲁迅先生弃医从文,他坚信用文艺运动改变精神才是当下国民之急需良药。作为一名曾经的癌症科研工作者,现生物技术行业顾问,虽对先生之才情和抱负难以望其项背,也望献上绵薄之力,用"科学故事"的形式,揭开癌细胞的神秘面纱。

　　遥记当年填写高考志愿,一句"21世纪是生命科学的世纪"铿锵有力,众多学子踌躇满志热情奔赴。大学四年收获颇多,我的知识体系逐渐形成,思维方式得以进化。然而,面对生命科学这座庄严肃穆的殿堂,似乎只是在门缝里好奇窥视,放眼望去,满壁错综复杂的信号通路,拗口的拉丁希腊词汇,我甚觉枯燥而几欲却步。

　　庆幸的是,读博期间有机会在殿堂一角驻足打量。当时研究的课题是癌细胞的细胞凋亡。细胞凋亡是细胞主动实施的程序性死亡,英文源于希腊语,大意是枯叶凋零后随风飘落,象征着死亡和终结,让人不禁轻吟"花自飘零水自流",又长叹"离披破艳散随风"。这个没有温度的词被悄悄赋予了诗意。等再看到显微镜下细胞逐渐变小、脱离、破碎的凋零全过程,细胞凋亡已从课本上一串生硬单词,生根发芽成鲜活画面。

　　细胞为何会进化出"自杀机制"? 事实上,凋亡是多细胞生命生存的不二法门。简单来说这种"舍小我为大我"的牺牲精神,不但可以减少资源消耗,还能"化作春泥更护花",释放其他细胞生长需要的营养物质,尽心尽力维护群体利益。然而,癌细胞偏反其道而行,为达到野蛮生长的目的,它们会给细胞凋亡通路设置重重阻碍,本该被送去"法场"的细胞被开了绿灯(即释放BCL-2"生存信号"),得以继续活跃在康庄大道上。

仔细斟酌,我们会发现,简单一个细胞行为包罗万象。从经济学角度说,细胞凋亡现象展示了对沉没成本的警觉,如果生命体一味将资源押注到已无力回天的细胞上,那达成可持续性发展简直就是痴人说梦。此外,细胞也谙熟阴阳之道。上文提到过BCL-2,其实这个家族还有另外两个兄弟,叫作BAX和BAK。本是同根生,BAX和BAK与BCL-2唱了一辈子反调,释放"凋亡信号"。细胞就在对BCL-2家族的运筹帷幄中平衡生存和凋亡的拉锯,直到癌细胞出场将秩序打乱。再反观人类个体成长,不得不感叹定期做减法清零,抛弃非良性习惯何等重要。

在亿万年进化过程中,细胞吸收天地间博大智慧,将生命体如艺术品般呈现出来。只要我们耐心挖掘,便可通过一个支点打通任督二脉,延伸到各个维度的知识和感悟。而癌细胞就好比艺术品藏而不露的瑕疵,科学工作者要想与之抗衡,需先领悟其战略战术。对,癌细胞表面看起来不过是运营着分子间的交互,实则是下一盘大棋。如果能一探其中奥妙,着实是件有趣的事。回想起来,这兴许便是撰写本书的原始冲动,之后则更多是情感在推波助澜。

在MD安德森癌症中心工作期间,我的实验室在七楼。如果搭电梯直上,从电梯口到实验室要走三分钟,途经儿童癌症治疗中心。我几乎每天都会看到,孩子们光着头,有些无力地瘫坐在轮椅上,其他精神稍微振作点儿的孩子会摆弄玩具,即便全身难受,偶尔也传出童真的笑声。只有这片刻,他们才会忘记正在经历着磨难和命运的不公。有些孩子从出生到离开这个世界,都是在各种强烈疼痛中度过;其他有幸生存下来的孩子,身体也了遭受巨大的创伤,未来将面对普通人本可安然避免的困境。之后,我选择搭乘电梯到六楼,经过长长的过道再爬楼梯上楼,绕过这些不忍再见的孩子。由此想来,写这本书兴趣所致之外,也是对当年无能为力的慰藉,至少用文字去尝试或多或少的改变。

曾读到一句话很喜欢,"教育就是一棵树摇动另一棵树,一朵云推动另一朵云,一个灵魂唤醒另一个灵魂"。我想象,或许某天一个孩子看完这本书,在日志里写下:长大后我想成为癌症研究专家;抑或读者从其他行业角度碰撞出崭新抗癌思路(事实上,跨学科合作已为抗癌药物研发打开了新局面,比如肿瘤电场治疗);哪怕只是某个深夜实验再次面临失败时,这本书能给予他或她些许坚持下去的决心。

此书最终命名为《搞定癌细胞十六计》,希冀人类在和癌症的博弈中用智慧和谋略取得最终胜利。

目录

第一部分 /

靶向疗法

- 抗体偶联药物

- 合成致死

- 代谢疗法

- 肿瘤干细胞

- 靶向蛋白降解

- 异病同治

- 老药新用

- 早期筛查和早期诊断

2018年,电影《我不是药神》横空出世。电影讲述了印度精油店老板程勇(原型陆勇)帮助负担不了天价进口抗癌药的白血病患者,走私低价印度仿制药而被尊为"药神"的故事。剧中的"神药"格列宁(原型格列卫)更是随着电影走红而被大众所熟知。

那么,我们今天先来说一说,格列卫到底是什么药,它果真有那么"神"吗?

格列卫是商品名,它的药品通用名是甲磺酸马替尼片,针对的是慢性髓细胞性白血病。提到白血病,我们自然而然会联想到骨髓移植。在前格列卫时代,骨髓移植确实是白血病患者的救星。但是,骨髓移植毕竟是项手术,本身风险很大,移植后患者又可能出现并发症,影响生活质量。相比而言,格列卫就方便、安全多了,直接口服就行。

在格列卫面世之前,慢性髓细胞性白血病患者如果没能接受骨髓移植,五年生存率只有30%,而格列卫凭借一己之力,直接将五年生存率拔高到89%。也就是说,虽然歼灭白血病任重道远,但格列卫已成功地将慢性髓细胞性白血病转变成类似糖尿病、高血压之类可控制的慢性病,患者只要定时服药就可以像正常人一样工作和生活。

这样说来,格列卫确实担得起"神药"的光环。格列卫真正的荣誉标签,则是分子靶向疗法(Targeted Therapy)药物的"开山之祖"。

何谓靶向疗法呢?既然是靶向,前提就需要有个靶标。癌细胞有各种类型,千变万化,但它们总会有些特征,这些特征就是靶标。对癌症靶向疗法而言,靶标是形形色色的,可能是某个蛋白酶,也可能是某个基因片段。靶标的功能更是五花八门,简直就是一幅气势磅礴的群像。有的靶标负责交通(信号转导),有的靶标管理粮食(代谢),有的靶标统筹持续性发展(生长及凋亡),各种类型的靶标都有其典型代表。万变不离其宗,靶标在癌细胞发展历程中承担着至关重要的角色。

科学家的目标,就是找到需要的靶标,然后根据其特点各个击破。靶向疗法的核心是设计出针对癌细胞特有靶标的相应药物(靶向药)。靶向药进入人体后,特异性地与靶标结合,进而阻断或削弱其功能。癌细胞的核心角色被精准攻击,内部自然乱了套,再也无法张狂。与传统的化疗药相比,靶向药有了长足的发展与进步。化疗药类似机关枪,在体内一顿扫射,颇有"宁可错杀一千,不可放过一个"的气势,但难免伤及无辜的细胞,副作用巨大。靶向药则更像是一场精心策划的狙击,瞄准目标,稳、准、狠地解决问题,副作用相对来说也更加温和。

当下,靶向疗法在抗癌领域的地位不可小觑,但一路走来着实不易。我们回顾一下格列卫的发展史,其中艰辛曲折便可见一斑。

癌症的诱因到底是什么?这始终是一个悬而未决的问题。受限于技术和对基因的认知,早期主流学术界笃信,癌症一定是由病毒感染或者环境因素导致的。直到20世纪60年代,癌症与基因的关系才浮出水面。

1960年,宾夕法尼亚大学生理学家诺维尔(Peter Nowell)在《科学》杂志上发表了一篇震惊学术界的论文。诺维尔发现,慢性髓细胞性白血病患者癌细胞的22号染色体比正常细胞的染色体更短,也就是说,癌症的发生可能与基因相关。为纪念这一重要发现,学术界又将22号染色体称为"费城染色体"(宾夕法尼亚大学地处美国费城)。

染色体是基因的载体,承载着重要的遗传密码。肯定不能这么任性,说短就短。既然22号染色体短了,势必引发严重的后果,或许22号染色体异常就是导致慢性髓细胞性白血病的祸首。在接下来20多年里,科学家们一直在探寻22号染色体缩短的原因。经过不懈努力,谜底终于揭开。原来,是两个染色体"搭错线"了(交错易位)。具体地说,9号染色体上的ABL基因,不小心与22号染色体上的BCR基因连到一块,产生了BCR-ABL融合基因,而22号染色体缺失的长度刚好等于9号染色体多出来的长度。这一"搭错线"的后果特别严重:BCR-ABL融合基因编码的蛋白是一种"失控"激酶,和正常蛋白激酶不同,它一直处于"打了鸡血"的活跃状态,刺激细胞野蛮增殖,进而导致白血病。

就这样,慢性髓细胞性白血病的靶标终于找到了。下一个目标就是研发BCR-ABL蛋白激酶抑制剂,不能让它疯狂下去。新药研发之路就此开启。

早在20世纪80年代末,瑞士的制药公司诺华(Novartis)就启动

了寻找 *BCR-ABL* 蛋白激酶抑制剂的漫漫征程。经过一系列设计、合成、优化和修饰，代号为"STI571"的候选药物（格列卫在研发期间的名字）在1998年才顺利进入临床试验。

从1960年发现慢性髓细胞白血病患者癌细胞染色体变异，到1998年第一个候选药物进入临床试验，足足跨越38年。又经过3年，格列卫在2001年正式获批。经过41年的努力，这款"神药"才真正造福于慢性髓性细胞白血病患者。我们只能感叹，新药研发不易，且行且珍惜吧。

电影《我不是药神》上映后，观众们亲切地称呼陆勇为"药侠"。电影对陆勇的形象，难免有虚构和夸张的成分。但现实生活中，却有一位真正的"药侠"，他就是广东省人民医院首席专家吴一龙教授。正是因为吴一龙教授的坚持，中国广大肺癌患者才更早地吃上了"救命药"——吉非替尼（Gefitinib，商品名易瑞沙）。

1956年，吴一龙出生在广东省汕头市。和那个年代的很多人一样，他曾下乡插队，度过了六年的知识青年生涯，直到恢复高考才被中山大学中山医学院录取。

从1982年毕业到2000年，吴一龙教授一直奋战在肺癌研究前线，也目睹了化疗等"一刀切"的治疗方法给患者带来的伤害和痛苦。靶向疗法的初露锋芒无疑给了吴一龙教授新的启发。2000年，吴一龙教授从美国临床肿瘤学会的年会上获悉英国药业巨头阿斯利康（Astra Zeneca）正在开发针对晚期肺癌的口服新药吉非替尼。有意思的是，相比于欧洲地区的患者，吉非替尼在东亚人群中表现得更为优秀。具体是什么原因呢？这个问题一直困扰着吴一龙教授。

直到2004年,研究发现,非小细胞肺癌的一个驱动基因是表皮生长因子受体(Epithelial Growth Factor Receptor,简称EGFR)。吴一龙教授如茅塞顿开:难不成就是这个EGFR基因搞的鬼？果不其然,吴一龙教授发现,EGFR在东亚人群中的突变率很高,约占所有非小细胞肺癌患者的30%,而在西方人群则少于10%。当吴一龙教授在2005年发表这一研究成果时,引起了业界轰动:癌症居然有种族差异。这一发现也催化了EGFR基因突变型肺癌的治疗新标准落地。

2005年的某天,吴一龙教授的某个肺癌患者向他提出问题:"除了化疗,你还有什么其他办法能帮助我吗？"面对这个提问,吴一龙教授想到了吉非替尼,便对患者说:"这个药有一定风险。你敢不敢试试？患者点头同意。

然而,这个尝试并没那么容易。经多方争取,终于让那位肺癌患者成为我国本土第一个试用吉非替尼的人。可喜的是,患者接受吉非替尼治疗后,病情得以好转。于是,吴一龙教授趁热打铁,又陆续收治了110位患者,实现了三年生存率11%。晚期肺癌患者能够再活三年,这在当时已经非常了不起。

此后,吴一龙教授又带领团队马不停蹄地研发更多新药,彻底打开了我国肺癌靶向疗法的新局面,也开创了精准医疗的新纪元。更值得一提的是,为了让靶向药拯救更多患者,吴一龙教授操起了"副业",多方奔走,和广州市医保局斡旋了整整两年,广州市医保局同意将价格不菲的吉非替尼纳入医保范围,肺癌患者再也不用支付每月逾万元的用药费用了,只需要自行承担一两千元就可以吃上"救命药"。此等侠肝义胆,"药侠"非吴一龙教授莫属。

除了格列卫和吉非替尼，靶向疗法还有什么最新突破？有哪些靶向药正给患者提供更多的生存选项，又有哪些在众所期盼中跌下神坛？咱们先从化疗的"升级版"开始慢慢聊起。

第 1 计

魔法子弹

战国时期,秦国年轻的将领白起临危受命,在伊阙(今河南省洛阳市龙门镇)迎战韩魏联军,此战史称"伊阙之战"。白起冷静地分析了当时的局势,敌众我寡,必须"计利形势"。他利用韩魏联军各怀鬼胎、貌合神离的弱点,采取了分而治之的策略。他把军队分成两部分,一部分采用疑兵之计,佯装与韩军精锐交锋,以牵制韩军;另一部分则秘密集结到魏军后方,全力打击魏军。战役开始后,白起的策略大获成功,韩魏联军准备不足,一时间溃不成军。最终,初出茅庐的白起展露了卓越的军事指挥才华,采用的战术也为后世留下了宝贵的财富。中原大地,一代"战神"崛起。在人类的抗癌史上,同样也有一位"战神"。我们的故事,就从他开始吧!

他，早在1913年就提出了"魔法子弹"（Magic Bullet）的设想：将毒素（子弹头）安装在能精确瞄准癌细胞的载体上，便可实现精准"投毒"，而不伤害正常细胞。他的思想，成为近百年后抗体偶联药物（Antibody-Drug Conjugate，简称ADC）的底层逻辑，为克服传统化疗"杀敌一千，自损八百"弱点提供了新的思路。这位先驱就是德国科学家、1908年诺贝尔生理学或医学奖得主埃尔利希（Paul Ehrlich）。

沉迷染色的青年

1878年，在德国莱比锡，年轻的医学生埃尔利希正在准备毕业设计。与其他同学的思路不同，埃尔利希似乎对细胞染色情有独钟。他计划用服装染料（苯胺及其他有色衍生物）对动物组织染色，以便在显微镜下观察被染色的动物组织。埃尔利希的兴趣让学院的教授们大为恼火，在他们眼里，埃尔利希不务正业，"玩物丧志"，沉迷细胞染色而根本无暇学习更有用的技能，前途堪忧。

让教授们"颇为失望"的是，"玩物丧志"的埃尔利希却搞出了大名堂。埃尔利希发现，与布匹被均匀染色不同，苯胺这种有机化合物染料只对细胞的部分区域染色，十分"挑剔"，也就是说，苯胺只能与细胞的部分特殊结构结合。那这些特殊结构又有什么蹊跷呢？

随着研究的深入，埃尔利希发现，不同的细胞简直是"萝卜青菜，各有所爱"，有些细胞"好酸"(酸性)，有些"馋碱"(碱性)，还有些细胞"口味寡淡"(中性)。这些初步研究成果为检测不同的免疫白细胞提供了工具：在正常情况下，被酸性染料上色的为嗜酸性粒细胞，占人体免疫系统中白细胞总数的0.5%—5%，中性粒细胞则"家大业大"，是免疫系统中含量最丰富的白细胞(占比40%—60%)，而相比之下嗜碱性粒细胞就显得形单影只，占比不到1%。看到这些专业词汇，是不是有种陌生又熟悉的感觉？没错，这就是体检报告中血常规检测的部分指标。

当然，免疫细胞研究只是故事的序幕，埃尔利希同时也朦朦胧胧地形成了细胞特异性结合分子的模糊概念。也就是说，每个细胞好比一把锁，每一把锁都有一把对应开启的钥匙。

埃尔利希将钥匙和锁之间的结合称为"亲和力"，它不仅存在于染料和细胞之间，也存在于其他化学物质和细胞之间。埃尔利希提出，药物要发挥作用，必须被绑定结合，这是现代医学靶向疗法的理论基础。

既然染料能特异性地结合细胞，一个奇思妙想就诞生了：如果某种染料既能特异性地结合病原体，又恰好有毒性，那岂不是能"毒死"病原体，成为灵丹妙药？

1891年，埃尔利希开始研究针对疟疾病原体的染料。测试几十种染料后，他发现一种叫亚甲蓝的染料，不仅能染色疟疾病原体，还有一定的毒性，完全符合他寻找药物的标准。于是，埃尔利希迫不及待地在几位疟疾患者身上进行测试，并成功治愈其中两人。至此，世上第一款完全经由人类设计的药物问世，出乎所有人意料，它竟然是一款深蓝色的化学染料。

梅毒之战

亚甲蓝的研发成功，给了埃尔利希巨大的鼓舞和底气，于是，他向人类历史上最恶毒的顽疾之一——梅毒，发起了进攻。

15世纪，梅毒在法国军队中暴发，这是历史上有记载的第一次大规模暴发。之后，梅毒席卷整个欧洲，成为传染性最强的顽疾之一，上百万欧洲人感染了这种可怕的疾病。

梅毒还没被正式命名前，欧洲各国互相"甩锅"，意大利人称之为"法国病"，法国人则叫它"意大利病"。浩劫面前，各种离奇的治疗方案层出不穷：异想天开地希望蒸桑拿将梅毒蒸出去，江湖骗子兜售含有水银的巧克力饮料来治疗梅毒。虽然水银能杀死梅毒病原体，使得症状缓解，但众所周知，水银对人体也有毒。两害相权取其轻，在巨大的痛苦面前，患者不得不饮鸩止渴，因而当时坊间流行一种说法，"一夜风流情，一生水银伴"。

1899年，埃尔利希被任命为新成立的法兰克福实验医疗研究所所长。当时，埃尔利希正带领一批专家寻找治疗非洲昏睡症的药物。研究发现，这种病的病原体是锥体虫，而锥体虫也可以感染老鼠。埃尔利希和实验助手、年轻的日本细菌学家秦佐八郎合成、筛选了数百种砷苯化合物（有毒），对上万只老鼠进行实验，最终在1909年发现，第606号化合物洒尔佛散（Salvarsan，又称砷凡纳明）能杀死老鼠血液中的锥体虫。有说法称，是由于之前遭受了605次实验失败，这个化合物才取"606"为代号，这一说法也成为科学家不畏失败、锲而不舍的经典案例,曾被多次引用。但是,也有说法表示,"606"的命名与此无关。

早在四年前的1905年,美国生理学家霍夫曼(Erich Hoffmann)就发现了梅毒的病原体梅毒螺旋体。秦佐八郎进一步找到了梅毒螺旋体感染兔子的方法。于是,埃尔利希指导秦佐八郎去测试洒尔佛散能否治疗梅毒。

1909年,在治疗梅毒患者的临床试验中,洒尔佛散效果显著,一夜成名。埃尔利希称其为"魔法子弹"。1910年,洒尔佛散上市,成为第一个治疗梅毒的有机药物,开化学疗法之先河。

洒尔佛散上市后迅速成为世界上处方最为广泛的药物之一。然而,皮疹、肝损伤等副作用的报道也随之而来,埃尔利希因此遭受了侮辱性指控。但是他化压力为动力,在1912年推出了改良版洒尔佛散(Neosalvarsan),代号"914"。

"606"和"914"两款药物一直保持着治疗梅毒的重磅药物的地位,直到20世纪40年代,世界首个抗生素盘尼西林(又称青霉素)问世。巨大的成功让埃尔利希成为公众英雄,好莱坞还紧跟节奏拍了一部电影——《埃尔利希博士的魔法子弹》。这部影片在第13届奥斯卡金像奖颁奖典礼上,获得"最佳原创剧本"提名。

木秀于林,风必摧之。埃尔利希声名鹊起后,一小群持不同观点的人宣称洒尔佛散是一种危险药物,又指责埃尔利希是个牟取暴利的骗子,甚至从其他研究人员那里窃取荣誉。埃尔利希的朋友们坚持认为,这场学术圈内的"洒尔佛散之战"损害了埃尔利希的健康,并最终导致他于1915年去世,享年61岁。

让子弹飞

因为洒尔佛散的巨大成功,20世纪早期最大的几个药物研发实验室,特别是莱茵河畔的几家德国公司,对合成药物表现出前所未有的热情,埃尔利希也得以继续推广他的"魔法子弹"概念,并将目光转向了癌症。

借鉴以往的成功模式,埃尔利希的目标就是找到和癌细胞亲和力高的化合物。然而问题来了:针对病原体的化合物之所以成功,是因为病原体和宿主细胞差异甚大。但在埃尔利希生活的20世纪初,癌细胞和正常细胞的差异化认知并不明确,因此埃尔利希的探索没有理论指导,完全是大海捞针,很难找出区分敌我的"魔法子弹",因此他只能带着遗憾离开人世。

埃尔利希去世后,学术界对治疗癌症"魔法子弹"的追寻却从未停止。先是针对癌细胞旺盛繁殖的特性,大量化疗药物走上历史舞台。紧接着,伴随着癌症生物学的迅猛发展,癌细胞与正常细胞的差异化特征也慢慢被揭示出来,至此,靶向药隆重登场。

抗原和抗体是我们了解免疫系统必须掌握的概念。抗原是指能诱发免疫反应的物质。抗体则是机体由于抗原刺激,而产生的具有保护作用的蛋白质。抗体特异性高,是导航的一把好手,可将化疗药物护送到癌细胞的表面,最终成为靶向药的主将。有了抗体的导航,化疗不再盲目发射,而是更有针对性地狙击。虽然子弹(化疗药物)是一样的,但有了靶向的属性,因此属于靶向化疗的范畴。于是,真正意义上的"魔法子弹"终于梦想照进现实,ADC的概念进入成熟期。

一代ADC终老去，但总有ADC正年轻

ADC由三部分组成：特异性识别癌细胞的抗体、杀伤力极强的毒素（比如化疗药物），以及将两者串（偶联）起来的连接子。对比埃尔利希的"魔法子弹"，抗体的功能就是实现特异性结合（亲和力高），而毒素就是有毒的化合物。

ADC有一套非常严谨规范的工作流程：抗体带着毒素自由飞翔，用火眼金睛发现癌细胞后便牢牢抓住（特异性结合）。癌细胞被ADC攻击后，直接启动胞吞作用，自以为将ADC"吃"进肚子就可以高枕无忧。然而，被癌细胞吞食的毒素，就像潜入铁扇公主肚子里的孙悟空，等在癌细胞内部亮出金箍棒，搅得天翻地覆。

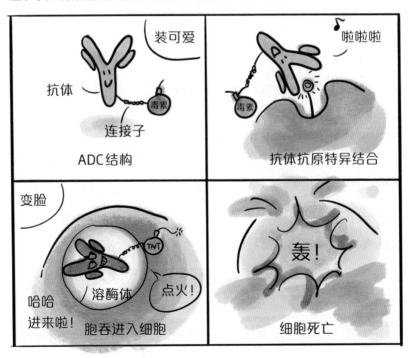

方到此时,癌细胞才后知后觉,原来吃了个祸害,只好自取灭亡!

很显然,ADC比普通化疗更强大、更精准,但它的研发之路特别曲折。在很长一段时间里,受限于技术,ADC只停留在概念阶段,毕竟再高明的魔法,如果抗体和毒素没有备齐,也"憋"不出什么大招来。20世纪50年代,法国免疫学家马特(G. Mathe)等首次将从老鼠体内提取的抗鼠白细胞免疫球蛋白和甲氨蝶呤(毒素)偶联用于治疗人类白血病患者,拉开了ADC的研究序幕。然而,动物来源的抗体会引起人体免疫反应,使得疗效减弱,副作用也大。因此,ADC研究刚一启动就直接"卡壳"了。

好在这次停滞并不算久。20世纪80年代,抗体人源化技术诞生,ADC用于治疗癌症患者的临床试验才正式开启,不过早期的ADC基本都以失败告终。甚至在2007年,《纽约时报》公开点名了几家"僵尸"生物技术公司追求单一技术路线,"烧起钱"来不客气,却长年不见盈利,其中就有两家ADC研发企业Immunomedics和Immuno-Gen。庆幸的是,这些"僵尸"咬紧牙关不放弃:2020年,Immunomedics研发的ADC获得美国监管部门认可后,总算修得正果,后该公司被美国知名的一线药物研发公司吉利德以210亿美元巨额收购;而ImmunoGen也是一路披荆斩棘,经历了大幅裁员、贷款求生等挫折后,2023年5月30日宣布,其治疗卵巢癌的药物Elahere在临床Ⅲ期获得积极的关键数据。消息一出,该公司股价当天暴涨。

如今,回首ADC的研发之路,我们会更深刻地理解药物研发的艰辛与本质。

第一代ADC在2000年登上历史舞台,名为Mylotarg,用于治疗急性髓细胞性白血病。大多新技术的第一代产品很容易因为各种缺陷成为"炮灰",Mylotarg也没能逃脱这个魔咒,因为安全隐患以及上不了台面展示的临床益处,它只能在2010年灰头土脸地退市。

按照ADC的理念,乍一看去,Mylotarg的设计并没有什么问题。Mylotarg选择了CD33抗原和卡奇霉素(毒素)偶联,两者分工非常明确:CD33抗原遍布在85%—90%的急性髓细胞性白血病癌细胞表面,CD33抗体负责导航并瞄准CD33抗原,抗体和抗原特异性结合后,卡奇霉素乘虚而入,发挥其药效。拿放大镜仔细瞅瞅,发现原来是貌似不起眼的连接子坏了好事。

就ADC而言,一个优秀的连接子必须懂得收放自如:进入癌细胞前,要经受住血液循环洪流的考验,一手拽紧抗体,一手牵好毒素,但凡松懈一点,就好比打开了潘多拉魔盒,没能拉住的毒素会漫无目的地瞎捣乱,误伤正常细胞,引发副作用。这就是第一代ADC的致命问题,连接子不牢固,结果自己还没到癌细胞跟前,走一路,毒素就掉一路,祸害一路。

如果ADC能顺利遇到癌细胞,就是另一番景象了。届时,ADC被癌细胞内吞后,途经内体这个中转站,再抵达溶酶体。这个时候,连接子经受不住溶酶体内部水解酶的拆散(分解),该放手时就放手,和毒素就此告别。毒素终于变身孙悟空,完成自己的终极使命,快、准、狠地给癌细胞致命一击。

当然,在选择抗体和毒素上也有不少学问,比如抗体亲和力并不是简单粗暴地越高越好,而是需要有个最优的平衡点。对于毒素来说,大前提就是要足够"彪悍",至少要比传统化疗药强上几百上千倍,毕竟癌细胞的内吞能力有限。此外,经营抗体和毒素之间的亲密关系也很微妙,难度甚至不啻于处理两性关系。

吸取第一代ADC的研发教训后,十年磨一剑,第二代ADC维布妥昔单抗(商品名安适利)在2011年出现。安适利在连接子上有明显的进步。其间,单克隆抗体以及毒素的开发也没闲着,继续平行发展,取得的成果包括提高了抗体的癌细胞靶向性,减少了和健康细胞的交叉反应等。随后不久,在癌细胞,比如靶向乳腺癌细胞上高表达的人表皮生长因子受体-2(Human Epidermal Growth Factor Receptor 2,简称HER2)靶向的ADC曲妥珠单抗(商品名赫赛汀)在2013年顺利获批,开启了ADC向实体瘤挑战的新篇章。新偶联物思美曲妥珠单抗与HER2单抗单独治疗的复发风险比,下降了50%,这一结果让人振奋。

当然,第二代ADC也并不完美,比如毒素和抗体上的结合比例过于随机。从理论上说,每个抗体能连上的数量在0—8。如果太过随性,有些抗体没有连接任何药物,不仅"裸"着上战场寡不敌众,还会和其他装着真枪实弹的ADC竞争。反过来,要是抗体承载的药物太多,容易引起ADC聚集并被快速清除。至于药物和抗体的黄金比例还处在小马过河的阶段,具体情况需要具体分析,核心就是优秀的ADC设计讲究的就是一个平衡和优化。

因此,第三代ADC追求的便是实现可控的特定位点偶联,以此进一步提高治疗窗口,比如2017年和2019年相继获批的奥加伊妥珠单抗(商品名贝博萨)和德曲妥珠单抗(商品名优赫得)等。

至此,老、中、青三代ADC齐聚一堂。

如今,特定位点偶联成为第三代 ADC 的标配。不少企业还在继续追求卓越,时不时抖了个小机灵,琢磨着怎么利用旁观者效应来进一步提高 ADC 的疗效。

说起旁观者效应,那绝对是撒手锏。开发抗癌药物面对的很大挑战就是肿瘤组织的异质性。所谓异质性,指的是肿瘤内部像个万花筒,聚集着形形色色的癌细胞。以乳腺癌为例,有些癌细胞携带高水平的 *HER2*,有些水平很低,有些甚至没有。对于没有 *HER2* 的癌细胞来说,靶向 *HER2* 的 ADC 如果只是有的放矢,自然没什么威慑力。

既然 ADC 自带子弹,是不是可以让子弹飞久一点?于是旁观者效应隆重登场:ADC 进入癌细胞后,如果毒素能穿透 *HER2* 阳性癌细胞跑到外面去巡视一圈,那么,对于附近的癌细胞,管它有没有 *HER2*,都得伏法,这就是旁观者效应。也就是说,看热闹的旁观者,如果离被攻击癌细胞很近,很容易被一并"干掉"。

要想淋漓尽致地发挥旁观者效应,有三个前提:第一,连接子可以裂解,这样毒素才能被释放;第二,毒素有很好的细胞膜穿透能力;第三,是非常重要的一点,脱离连接子的毒素半衰期(药物浓度下降一半所需要的时间)不能太长,也就是说,毒素不能撒腿跑太远,否则容易误伤健康细胞。

近些年,把旁观者效应琢磨得最透彻的公司当数日本的跨国原研制药集团的第一三共(Daiichi Sankyo)。2022 年,在美国临床肿瘤学会的年会上,第一三共研发的药物优赫得的数据公布后,因为太过亮眼,会场罕见出现了全体起立鼓掌的盛况。优赫得作为靶向 *HER2*

的明星药物,其成绩斐然众所周知,且更为惊喜的是,优赫得对*HER2*低表达转移性乳腺癌患者也有效,和传统化疗比较,死亡风险降低了36%。要知道,*HER2*低表达患者在整个乳腺癌中占比45%—55%,优赫得的出现给这些患者带来了新的希望,而这一切都归功于优赫得强悍的旁观者效应。

除了ADC研发内部精益求精,"外卷"也持续升级。行业里有句话叫"万物皆可偶联",其中一马当先的就是多肽偶联药物(Peptide-Drug Conjugate,简称PDC)。PDC和ADC只有一字母之差,原理也差不多,就是将抗体换成多肽。

多肽和抗体相比,最大优势是小巧玲珑。分子量小,意味着来去更自如,穿透力就更强。目前国际上已经有几款PDC上市,比如2021年2月加速获批的美氟苯甲酰胺(PEPAXTO,商品名美氟芬),用于治疗复发/难治多发性骨髓瘤,国内也有部分企业正蓄势待发。

当然,PDC也有它的软肋,所谓成也萧何,败也萧何。个头小,稳定性就会较弱,半衰期也短,不过PDC领先企业,比如Bicycle Thera-peutics,有独创一套技能,通过双环肽化学修饰加以改善。多肽被打了个环,也就稳定多了。

和PDC同样受到关注的还有抗体前体偶联药物(Probody-Drug Conjugate)。为示区别,暂且叫它PBDC。PBDC的设计理念就是给抗体加个遮蔽肽口罩(Mask)。神奇之处在于,只有等PBDC抵达肿瘤微环境,癌细胞相关的蛋白酶才能将口罩掀开(切割),这样脱掉口罩的抗体就能大展拳脚地攻击癌细胞。健康组织没有此类蛋白酶,口罩拿不下来,PBDC就没有攻击性,因此有了口罩,就相当于上了双保险。

既然"万物皆可偶联",那化疗并肩作战的兄弟放疗又该如何入场？没错,放疗也紧跟步伐,进行了更新换代,有了抗体放射性核素偶联(Antibody Radionuclide Conjugates,简称ARC)的初步探索。也就是说,抗体连接的不是毒素,而是放射性核素。更有意思的是,放射性核素兼具诊断和治疗的双重功能,其潜力不可小觑。

如果将抗体类药物研发比作爬树摘水果,那以ADC为代表的"魔法子弹"则是高高挂在树顶的那个,想拿下并不容易,必须得解锁各种技能和用上创新思维。不仅得配对好子弹和导航,还得处理好它们之间的亲密关系,什么时候合、什么时候分,都需要谨慎设计。

挑战虽大,但"魔法子弹"带来的可能性和前景也不可限量。除癌症以外,"魔法子弹"在风湿病治疗的探索也已进入临床阶段。一代代ADC推陈出新,PDC也不甘示弱,PBDC虽有待临床验证,但在理论上给"魔法子弹"提供了新的视角。

其实,药物研发说复杂确实复杂,说简单也简单,简单之处就在于只要逻辑正确,能不能实现,只需要等待技术的发展。这也是"魔法子弹"历经百年还能焕发青春的原因。

跨越一个世纪的"魔法子弹",期待它飞得更久更远吧！

阿喀琉斯之踵

熟悉古希腊神话的读者,对英雄阿喀琉斯应该不陌生。阿喀琉斯是一位标准的"神二代",母亲是不朽的海洋女神忒提斯,父亲珀琉斯虽是凡人,也自带英雄光环。当年,阿喀琉斯尚在襁褓之中,就有预言说他会英年早逝,战死沙场。母亲忒提斯不甘向命运低头,便带着阿喀琉斯去冥河接受神水洗礼。无奈冥河水流湍急,忒提斯只能紧紧捏住阿喀琉斯之踵(脚后跟)将其倒插入河。由此,阿喀琉斯练就刀枪不入之身,然而,没有浸入水中的脚后跟却为其日后埋下祸根,成为他的死穴。最后,难逃命运的阿喀琉斯被光明神阿波罗一箭射中脚后跟,轰然而逝。今天,阿喀琉斯之踵指某人或某事物的最大的或唯一的弱点。癌细胞的"阿喀琉斯之踵"又当如何攻破?让我们一探究竟。

"阿喀琉斯之踵"的故事广为流传,意为"强大者亦有软肋"。我们更想知道的是,野蛮生长的癌细胞的"软肋"又是什么呢?这还得从1922年一只意外死亡的果蝇开始道来。

果蝇效应

一只蝴蝶在南美洲轻振翅膀,有可能引起美国得克萨斯州的一场飓风吗?这是科学史上最为经典的问题之一,由美国气象学家洛伦兹(Edward N. Lorenz)于1963年提出,后迅速为公众所知。"蝴蝶效应"旨在说明任何事物的发展都有复杂性,微小的变化亦能影响事物发展的态势。其实,早在1922年,一只果蝇的死亡,同样也产生了跨越时空的巨大效应,我们姑且称之为"果蝇效应"。

1922年,哥伦比亚大学遗传学家布里奇斯(Calvin Bridges)在研究黑腹果蝇杂交时,发现了一个有趣的现象:同时具有两个特定基因突变的果蝇会死去,而这其中任何一个基因单独突变,却不会给果蝇带来致命伤害。24年后的1946年,同在哥伦比亚大学工作的生物学家多布赞斯基(Theodore Dobzhansky)在果蝇中再次发现类似现象,于是将这种现象正式命名为合成致死(Synthetic Lethality)。

小果蝇可能段位不够,由于它为科学献身所换来的合成致死理念被提出后并没有引起波澜,之后一晃就沉寂了50余年。1997年,这一领域突发一声惊雷。德国历史悠久的医药化工企业默克集团(Merck)的基因表现分析专家弗兰德(Stephen Friend)在《科学》杂志上高调宣布:合成致死理念可用于抗癌药物开发。

在弗兰德看来,癌细胞携带大量基因突变,如果基因A突变了,再用药物破坏基因B的功能,就能完美复制合成致死的场景,让癌细胞无处可逃,与布里奇斯养的果蝇一样走向死亡。健康细胞的结局就大不一样,药物本身一视同仁,也能抑制健康细胞的基因B,但健康细胞给自己留了后路,能依靠没有突变的基因A存活下来。癌细胞自身的基因缺陷太多,典型的"自作孽,不可活"。弗兰德的构想看似天方夜谭,但业内不少顶尖科学家都表达了积极的支持态度。怎奈原理虽然简单,将猜想变成现实却耗费了整整17年。

2014年,全球第一个按照合成致死理念设计的抗癌药物奥拉帕尼(Olaparib)问世,主要用于治疗卵巢癌。随后,"帕尼家族"卢卡帕尼、尼拉帕尼和他拉唑帕尼等如雨后春笋,纷纷闪亮登场。2021年,此类药物被美国克利夫兰诊所评选为"年度十大医疗创新"之一。2022年,此类药物全球销售额超过55亿美元,可谓名利双收。

PARP 抑制剂

合成致死药物的原理是什么呢?这个说来话长。我们得先弄清楚DNA修复那些事儿。人体每个细胞每天都会经历成千上万次的DNA损伤,简单分类包括单链损伤和双链损伤。得益于人体精密、复杂、高效的DNA修复机制,受损DNA可被及时修复。DNA修复,离不开一种神奇的蛋白酶——DNA修复酶(Poly ADP-ribose Polymerase,简称PARP)。

1963年,法国生物学家、DNA专家尚邦(Pierre Chambon)利用鸡肝核酸提取物研究RNA聚合酶时,却意外发现了具有DNA聚合活性的酶,也就是当下大名鼎鼎的PARP。PARP是一个勤勤恳恳、任劳任怨的DNA修复大师,可惜尚邦并未及时认识到它的潜力和价值。一心关注主业RNA聚合酶研究的尚邦,没在PARP上花费太多心思,后来倒是有一群日本科学家作为接棒人,初步确定了PARP的化学结构。

除了PARP,另一种高效的DNA修复酶是由乳腺癌易感基因(Breast Cancer-relatel Gene,简称BRCA)编码的蛋白酶。PARP负责单链,BRCA负责双链。当PARP被抑制剂控制后,细胞单链断裂持续

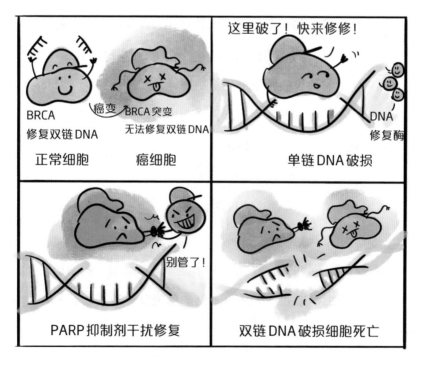

增加,逐渐发展成双链断裂,这个时候就需要*BRCA*担负起高保真精密修复(同源重组)双链断裂的重任,防止DNA不稳定导致的细胞死亡。

健康细胞有PARP和*BRCA*这两大护法,哪怕PARP掉链子,还有BRCA保护。但癌细胞就不一样了,为了达到快速繁殖进化的目的,癌细胞能省则省,部分乳腺癌细胞等自作聪明,干脆基因突变,没有了*BRCA*,只留下PARP来维持基因稳定。

讲到这里,你是否觉察到了一丝合成致死的端倪?根据合成致死理念,癌细胞已经有*BRCA*突变,自身存在严重缺陷。只要我们找到PARP抑制剂,那就大功告成了!

可是,设计出类拔萃的PARP抑制剂并没有那么简单。科学家的第一个设计灵感来自烟酰胺。烟酰胺作为B族维生素的一种衍生物,爱美的读者可能对其并不陌生:烟酰胺有促进含黑色素细胞脱落的功能,这一绝招让其扛起了美白护肤品的大旗。鲜为人知的是,烟酰胺在抗癌事业上也立下了汗马功劳。

1971年,伦敦大学生物学家克拉克(J. B. Clark)发现,烟酰胺可抑制PARP的活性。1980年,杜卡斯(Barbara Durkacz)等发现烟酰胺类似物(3-氨基苯甲酰胺,简称3-AB)也可抑制PAPR的活性,妨碍DNA修复。然而,3-AB因为选择性不强,只能在高浓度下才发挥对PARP的抑制作用。作为PAPR抑制剂的第一代先驱,3-AB尽管没能在临床上发光发热,但鼓舞了一大批科学家投身PARP抑制剂开发的潮流中,为其与合成致死理论的历史会合做好了准备。

时光荏苒,经过几十年寻寻觅觅后,PARP抑制剂才迎来与合成致死的世纪相遇。

2005年,英国两个独立研究团队"背靠背"在《自然》杂志首次证实,PARP抑制剂与 *BRCA1/2* 突变存在合成致死效应。根据合成致死的原理, *BRCA1/2* 是癌细胞特有的突变(基因A),而PAPR抑制剂是能破坏癌细胞的PARP功能(形成基因B)的药物。在 *BRCA1/2* 突变癌细胞中, *BRCA* 无法完成DNA修复,此时PARP的功能受到药物(抑制剂)的劫持(抑制),大量DNA双链断裂,以致彻底崩盘,一命呜呼!

多么无懈可击的组合,科学家们总算找到了癌细胞"阿喀琉斯之踵"。在一片欢呼声中,制药史上最大的乌龙事件之一却在悄悄发酵。

沉冤昭雪

2009年,在PARP抑制剂中,4-碘-3-硝基-苯甲酰胺(Iniparib,商品名艾尼帕利)惊艳全场,它针对三阴性乳腺癌的优异表现让众人眼前一亮。三阴性乳腺癌不像其他乳腺癌,缺乏雌激素、孕激素及HER2等抗原表达,属于"无靶营业",因此一直是制药界久攻不下的"老大难"问题,当时各大平台一直预测,艾尼帕利一旦上市,绝对是重磅级产品。法国知名药业巨头赛诺菲(Sanofi)财大气粗,豪掷5亿美元迫不及待地将艾尼帕利收入囊中,以艾尼帕利经纪人的身份高调参加了新闻发布会。

捧得越高,摔得越惨,这似乎是颠扑不破的真理。2011年年初,赛诺菲沮丧地宣布,艾尼帕利在Ⅲ期临床试验中,并不能延长三阴性乳腺癌患者的生存期。由于艾尼帕利之前频频曝光,万众瞩目,该结果的公布几乎浇灭了整个制药行业对PARP抑制剂的研发热情。屋漏偏逢连夜雨,同年年底,另一巨头阿斯利康也宣布,奥拉帕尼针对卵巢癌患者的Ⅱ期临床试验也以失败告终。接连不断的打击,让众多制药巨头高速刹车,紧急制动,默克和辉瑞(Pfizer)纷纷停止开发PARP抑制剂。合成致死刚刚燃起的小火苗,似乎瞬间就熄灭了。

仅仅一年之后,大家发现,这一切居然是一场乌龙。2012年,梅奥诊所的科学家帕特尔(Anand Patel)证实,艾尼帕利并不能真正起到抑制PARP功能的作用,是个冒牌货!艾尼帕利的失败与PARP抑制剂没有"半毛钱"关系。这一发现终于让PARP抑制剂沉冤昭雪,再次回到聚光灯下。

与此同时,处于奥拉帕尼Ⅱ期临床试验"失败"阴影下的阿斯利康也受到鼓舞,振作精神,重新分析了临床数据,发现之前数据的"解读方式"搞错了方向。PARP抑制剂这个法宝正确的打开方式是利用合成致死理念专攻癌细胞的软肋,也就是*BRCA*突变。阿斯利康决定重启临床试验,继续战斗。

皇天不负有心人,赢在起跑线的阿斯利康一路披荆斩棘,2014年,顺利将奥拉帕尼推进为全球第一款上市的PARP抑制剂类药物,用于*BRCA1/2*突变的卵巢癌治疗。2018年,奥拉帕尼在我国获批,成为我国上市的第一个卵巢癌靶向新药。可喜的是,奥拉帕尼的征途并没有止步于此。

后来,奥拉帕尼因为临床效果完胜化疗,副作用更小,获准用于治疗*BRCA*基因突变的乳腺癌患者。更为轰动的是,奥拉帕尼在治疗"癌症之王"胰腺癌上也颇有建树,给患者带来巨大福音。

从卵巢癌、乳腺癌，再到胰腺癌，PARP抑制剂反复证实了自己在刺杀*BRCA*突变肿瘤方面的价值，也成为合成致死理念走向实践的最佳案例。

基因配对盛典

PARP抑制剂和*BRCA*基因成功配对后，国内外大量资源投入到合成致死理念的研究中，以期利用更多这样的黄金组合来开发全新的肿瘤药物。其中，比较大手笔的是英国药企葛兰素史克（GSK）和美国药企吉利德，2020年，这两大巨头"一掷亿金"，分别和专攻合成致死的IDEAYA Biosciences与Tango Therapeutics建立战略合作伙伴关系，摩拳擦掌地挖掘下一个PARP，期待再创传奇。

合成致死配对如果在几十年前，几乎要付出愚公移山的决心，毕竟合成致死基因比较罕见，从海量突变基因组合中，筛选出来，难度非常大，因此发展缓慢。

然而，21世纪初，RNA干扰（RNA interrupt）横空出世。它的目标是干扰特定基因的表达。这项技术允许在特定致癌突变驱动的癌细胞中进行高通量筛选。但RNA干扰技术容易产生脱靶效应，也就是说，针对基因A的RNA干扰，有可能误伤到基因B。导致的结果就是辛辛苦苦开发出了基因A抑制剂，结果发现之前产生合成致死效应的原因是基因B，白忙一场。

因此，合成致死药物开发在RNA干扰时代并没有取得重大进展，只有一些零零星星的成功案例。

技术在进步,合成致死的定义也一直在演化,比如近些年颇受关注的*PRMT5-MTAP*以及*ME2-ME3*基因组合,就不是传统意义上的合成致死,更准确地说是旁系致死(Collateral Lethality)。如果将肿瘤抑制基因比作"机长",其邻近基因就是"副驾",当癌细胞撤销机长营业执照(基因缺失)时,往往也会捆绑开除副机长。"旁系致死"就是找到能和副驾配对的基因,作为药靶子。

放到*PRMT5-MTAP*场景中,*MTAP*是肿瘤抑制基因*CDKN2A*的副驾,而副驾缺失的癌细胞(所有癌症中约有15%*MTAP*缺失,而在胶质母细胞瘤和胰腺癌中高达50%和25%)对*PRMT5*有明显依赖性,因此,*PRMT5*抑制剂成为专攻*MTAP*缺失癌细胞的新一代靶向药。

自从2016年发表在《科学》杂志上的报道公开*PRMT5-MTAP*这对新组合后,各大药企争先抢后地进入赛道。虽然其发展前景无量,但*PRMT5*抑制剂设计门槛很高,可以想象,找到其配对基因只是万里长征的第一步。

近100年前,首次在果蝇中发现合成致死现象,彼时没人能预想一个世纪后,合成致死理念对癌症疗法有如此深远的影响。

2003年人类基因组计划完成,随后测序技术的发展加速了对人类肿瘤的分析,使得第一代癌症靶向疗法蓬勃发展,其间诞生了一批明星靶向药,如奥拉帕尼。

然而,并非所有和癌症相关的基因都可以成药,部分可通过蛋白酶降解技术解决,但癌症突变中有一半是肿瘤抑制基因(比如*BRCA*)的缺失。现有的靶向药普遍是通过结合靶向蛋白实现,那基因都缺

失了,靶标也没有了,该怎么结合呢? 这好比叫醒一个装睡的人,其
开发难度可想而知。 这个时候就得派合成致死上场了,迂回作战,
为间接靶向肿瘤抑制基因提供了新思路。

釜底抽薪

釜,是古代的一种锅,盛行于汉代,肚子大,有的有两个耳朵,造型十分可爱。薪,是柴火。成语釜底抽薪的字面意思是用釜烧水时,直接抽去柴火,意为从根本上解决问题。两军交战,粮草先行,这是战争中最朴素的道理。三国时期,袁绍与曹操两军在官渡对峙,展开了战略意义上的大决战。曹操采纳了袁绍归降谋士许攸的建议,偷袭了袁军屯粮之地乌巢,断绝了袁绍的粮草供应,可谓釜底抽薪。袁军见乌巢失手,方寸大乱,最后溃不成军。曹军一鼓作气,拿下了官渡之战。此战成为"以弱胜强"的经典战例,奠定了曹操统一中国北方的基础。癌细胞的"粮草"又是什么呢,我们能否从"吃"上动动脑筋呢?别急,对付癌细胞这个"大胃王",需要下一番功夫。

俗话说，"人是铁，饭是钢，一顿不吃饿得慌"。癌细胞，作为一种生命形式，它也得吃东西啊！既然如此，我们能否断绝癌细胞的粮草，釜底抽薪，饿死它们呢？在这之前，我们必须要弄清楚一个问题，那就是：癌细胞到底吃什么？这个"吃什么"，就是一种靶向思路，通过特定靶向癌细胞的"食物链"，让癌细胞吃不着赖以生存的粮食，进而乘机将其击溃。

20世纪20年代，德国生理学家瓦尔堡（Otto Heinrich Warburg）发现，与正常细胞不一样，癌细胞通过摄食大量葡萄糖来促进生长，这便是著名的瓦尔堡效应（Warburg Effect）。时隔80多年，直到2011年，癌症领域泰斗温伯格（Robert Weinberg）才将癌细胞特殊代谢方式列入癌细胞新兴特质之一，科学家们也纷纷将干扰癌细胞代谢作为药物开发的新思路。但癌细胞代谢异常复杂，将"饿死癌细胞"这一美好初衷转化为现实任重道远，特别是越来越多证据显示，人体干细胞和免疫细胞在"吃"这件事上，居然和癌细胞有着相似的口味。

瓦尔堡效应

说到癌细胞爱吃什么，不得不提到葡萄糖以及被翻来覆去炒作了近百年的瓦尔堡效应,起起伏伏,一路被推崇、忽视、质疑和修改。具体聊瓦尔堡效应前,先来了解一下瓦尔堡这个传奇人物吧。

1883年,瓦尔堡出生于瑞士边境弗莱堡的一个书香之家。父亲老瓦尔堡(Emil Warburg)来自显赫的银行大亨世家。瓦尔堡家族在16世纪是威尼斯最富有的家族之一。然而,老瓦尔堡并没有选择子承父业,而是追随自己对物理的极大兴趣,成为著名的物理学家。老瓦尔堡与爱因斯坦交往颇深,好几位学生与诺贝尔物理学奖有交集。

受父亲的影响和熏陶,瓦尔堡也走上了学术之路,涉猎颇广:他先是考上了柏林大学化学系,师从诺贝尔奖得主费歇尔(Emil Fischer),并拿下了博士学位。之后瓦尔堡又去了海德堡大学,在另一位诺贝尔奖得主能斯特(Walther Nernst)实验室进行研究,获得医学博士学位。

这位年仅28岁就囊获双博士学位、前途无量的学霸,在第一次世界大战爆发后,出乎所有人意料,毅然决然地放弃了科学研究,投笔从戎。作为马术爱好者,瓦尔堡在前线的精锐骑兵部队中担任军官,并因其英勇表现获得勋章。不得不说,天选之子在哪里都能发光发亮。

尽管瓦尔堡认为,这段经历为他提供了学术象牙塔之外的现实生活体验,但作为伯父的爱因斯坦却不以为然。在瓦尔堡父母实在没辙的情况下,爱因斯坦写信给瓦尔堡,苦口婆心劝他不要恋战,要尽快回归学术,并断言"对这个世界来说,失去你的才华将是一个悲剧"。

1918年,彼时战争已经接近尾声,瓦尔堡自己也负了伤。收到爱因斯坦的来信后,他听从劝告,回到柏林并启动了"开挂"般的科学之旅,专攻细胞呼吸和肿瘤细胞代谢研究。

1931年,瓦尔堡因发现呼吸酶的性质和作用方式荣获当年的诺贝尔生理学和医学奖。面对成绩和荣誉,他没有停止步伐,继发现铁氧酶后,1932年又和同事们发现了另外一种呼吸酶——黄酶,以及奠定癌症代谢研究百年基础的瓦尔堡效应。

获得诺贝尔奖的同一年,在洛克菲勒基金会的资助下,威廉皇帝学会成立了细胞生理研究所,聘请了瓦尔堡担任所长。两年时间,瓦尔堡大刀阔斧"招兵买马",使研究所颇具规模。无奈天意弄人,彼时德国政局发生了翻天覆地的变化。作为犹太人,瓦尔堡惶惶不可终日。

最终,他没有离开德国,继续从事科学研究,但是这么做遭到学术界的口诛笔伐。战后瓦尔堡回忆,他能理解铺天盖地的流言蜚语,但他不认为自己做错了什么。

这期间的是非对错只能留给历史去评判。1970年,87岁的瓦尔堡去世,一个辉煌灿烂又充满了争议的生命就此终结。

癌细胞"大胃王"

了解了瓦尔堡的生平,再回过头来看看到底什么是瓦尔堡效应。先敲黑板划两个重点:第一,与正常细胞相比,癌细胞吃掉更多葡萄糖;第二,葡萄糖代谢有两种模式,一种通过糖酵解,将1个葡萄糖分子转化成2个ATP;另一种是通过氧化磷酸化,将1个葡萄糖分子转化成36个ATP。

癌细胞的数学估计是体育老师教的,它居然更喜欢第一种方式。这就意味着,吃同样数量的糖,癌细胞只能输出2个ATP。我们不禁要问:癌细胞是傻吗?恰恰相反,癌细胞其实是布了一盘大局来求生。首先,虽然产生的能量少,但糖酵解的速度快得多。相比于氧化磷酸化,糖酵解可以10—100倍地高速产生能量。其次,在糖酵解的过程中,还会产生副产品(中间代谢物),对癌细胞的生长有帮助。这两个优点对癌细胞也很重要。同时需要强调的是,瓦尔堡效应在不同癌细胞、癌症的不同发展阶段的重要性大有不同,这也是瓦尔堡效应一直被争论的重要原因。

除了葡萄糖,癌细胞和乳酸也有一段不得不说的微妙关系。癌细胞不仅能通过糖酵解产生乳酸,还可以通过食用乳酸来产生能量。可见,癌细胞利用了一切可利用的资源进行顽强地战斗。2017年前,已有大量研究表明乳酸也是癌细胞的食物之一,可毕竟乳酸作为葡萄糖的配角进入癌症研究舞台,一直活在葡萄糖的明星光环下。2017年10月,《自然》杂志和《细胞》杂志不约而同地发表了两篇关于体内癌细胞摄取乳酸的文章,他们发现,和传统的理论相悖,乳酸竟是最大庄家,而不是葡萄糖。至此,乳酸总算扬眉吐气,逆袭成主角。

此外,为了保持青春活力,癌细胞也依赖各种氨基酸。所有氨基酸中研究最多的是谷氨酰胺。除了谷氨酰胺外,几项重磅级研究也发现其他氨基酸,包括精氨酸、天冬酰胺酸、丝氨酸和甘氨酸,这对癌细胞的生长起着关键作用。

这么看,癌细胞是不折不扣的"大胃王"啊!

饿死癌细胞？

癌细胞胃口这么好，简直就是饿不死的"小强"（指蟑螂）。秉持对"吃货们"的负责态度，让大家享受美食的同时不让"小强"得逞，便有了针对癌细胞代谢特征展开的各项药物研发。第一个思路，就是破坏癌细胞的瓦尔堡效应。

要破坏瓦尔堡效应，最传统的方法莫过于开发和糖酵解相关的药物。借助人工智能的东风，BERG Health 脱颖而出，这家公司打破了以假设和生化机理为指导的传统思路，而是让癌症患者数据来引导新药的研发。BERG Health 的联合创始人伯格（Carl Berg）是硅谷房地产亿万富翁，破圈投资了 BERG Health，希冀它能引发医疗界的一场革命。这种破圈的背景，给 BERG Health 带来了不一样的发展思路。

作为第一个享受从美国国防部获取人体组织信息的公司，BERG Health 通过其 Interrogative Biology 技术平台对患者样品进行高通量分析，从中获得基因组、蛋白组、代谢组等多维信息，通过人工智能深度分析描绘癌症"航空地图"。BPM31510 便是 BERG Health 人工智能比较健康细胞与病变细胞数据而发现的先导药物，其主要活性物质是辅酶 Q10。购买过保健品的读者应该对辅酶 Q10 不陌生，它是抗氧化剂，也是对细胞代谢起关键作用的小分子。

相关体外实验显示，BPM31510 在不影响正常组织的同时可改变癌细胞的代谢特征，逆转瓦尔堡效应，使癌细胞"代谢正常化"。鉴于 BPM31510 在人体中天然存在,临床 I 期试验结果显示其耐受性良好,至于是否能在疗效上也拿捏得住,拭目以待。

见招拆招,让癌细胞无处遁形

既然癌细胞是这么个"吃货",那怎么才能攻击这个短板?

第一招是阻断进口供应链。

癌细胞仗着可获取充分的外源营养,便任性地开除(变异)了精氨酸琥珀合成酶(ASS),导致 ASS 掌控的精氨酸生产线无法工作,依赖进口精氨酸支持内需。 所谓聪明反被聪明误,针对癌细胞这个小伎俩,新型癌症药物精氨酸脱亚胺酶(ADI-PEG20),将精氨酸转为瓜氨酸,可阻断癌细胞对精氨酸的进口,而正常细胞却可以通过 ASS 实现自给自足。

第二招是夺其所好。

癌细胞的心头好之一是谷氨酰胺,那如果夺其所好,没有谷氨酰胺的癌细胞会不会难过得无法生存?

早在 20 世纪 50 年代,科学家就开始研究如何利用谷氨酰胺代谢化合物阻断癌细胞对谷氨酰胺的代谢,包括阿西维汀等。虽然动物体内有一定程度的抗癌作用,但其副作用阻止了科学家对这些药物的进一步开发。近年来,随着对谷氨酰胺在癌症代谢中的进一步认识,新一波的药物开发策略陆续制订,其中就包括谷氨酰胺酶抑制剂。谷氨酰胺酶在谷氨酰胺代谢中起到关键作用,因此迄今为止,它作为在谷氨酰胺代谢途径中研究最广泛的药物靶标。只可惜最为突出的选手CB-839在临床上遭遇滑铁卢,其开发企业Calithera只能在2013年年初关门大吉。可见,癌细胞虽然贪吃,但也总有自己的法子把握住度,让这贪吃的本性不至于祸及生命。

既然癌细胞胃口那么好,患者是不是应该改变饮食结构,争取早日"饿死癌细胞"呢?

相信这个疑惑很多患者都有过,包括苹果创始人乔布斯(Steven Jobs),也曾严格实行素食饮食,作为和癌症斗争的一部分。再比如从北京大学毕业的学霸魏延政,2011年罹患透明细胞肉瘤,这是一种罕见的癌症。化疗失败后,他不愿坐以待毙,在网络上翻阅到生酮饮食可让体内产生大量酮体,让身体被动依靠分解脂肪来维持正常功能。于是,魏延政开始实施生酮饮食,寄希望于体内脂肪消耗完毕,癌细胞便无能量可摄入而饿死。令人唏嘘的是,坚持一段时间后,癌细胞并没有被打败,魏延政的身体反倒由于长期无法摄入足够的营养而变得瘦骨嶙峋,最后在2016年遗憾离世。

难道"饿死癌细胞"就是一场骗局?也不见得。只不过癌细胞的饮食比我们想象中的要更灵活,也更难去捕捉到其真正的致命点。干扰癌细胞代谢之路能否走通,我们尚需时间来检验。

第 **4** 计

擒贼先擒王

"挽弓当挽强,用箭当用长。射人先射马,擒贼先擒王。"这是诗圣杜甫《前出塞九首(其六)》中的千古名句,朗朗上口,气势如虹。这里的"王",指的是首领或核心人物。他是组织开展行动的调度中心,是发挥组织整体作用的枢纽和关键。两军对垒之际,若一方先发制人,擒拿住敌方的"王",则可使得敌方陷入群龙无首的混乱局面,一招制胜。在《三国演义》中,袁绍围困曹操于白马坡。袁军大将颜良数败曹将,使曹军大为受挫。此时,关羽挺身而出,单枪匹马,直奔敌营,先后斩颜良,诛文丑,解白马之围。这就是典型的擒贼先擒王。那么,癌细胞到底是一群乌合之众,还是有统帅三军的"王"呢?这可是一个难倒了一众诺贝尔奖得主的问题呢!

2015年1月16日，乳腺癌复发，夺走了年仅33岁的青年歌手姚贝娜的生命。姚贝娜极具才华，特别是她为电视剧《甄嬛传》演唱的主题曲《红颜劫》，缠绵悠长，深情动人，成为很多人难以磨灭的记忆。她的猝然离世，让很多人扼腕叹息。2011年5月31日，姚贝娜做完乳腺癌切除手术后曾憧憬："以后每年6月1日都是重生纪念日。"据悉，姚贝娜2011年罹患乳腺癌，随即接受了乳房切除手术及整形再造手术，逐渐康复。不料2014年末，她的乳腺癌复发，癌细胞转移至大脑和肺部，最终不治。

肿瘤干细胞遭遇战

"复发"和"转移"，是癌症患者及其家属最害怕听到的两个词。事实上，90%的癌症患者都死于肿瘤转移。压在癌症患者头上的这两座大山，谁又是始作俑者呢？

雪崩时，没有一片雪花是无辜的。对癌症而言，每一个癌细胞都难辞其咎，但有那么一小撮"夜王"，名号为肿瘤干细胞（Cancer Stem Cell，简称CSC）。只有灭掉它，才能扳倒千军万马的异鬼。

近年来，有一种理论认为，"肿瘤干细胞是万恶之源"。癌症之所以经常复发和转移，全都是它们在作怪。肿瘤干细胞如同种子一样，很早就从病发灶潜入身体其他组织或器官,一旦时机成熟,就能汲取身体的养分,快速分裂,建立新的根据地,形成新的病灶。患者接受治疗时,它伪装无害,蝇营狗苟地躲过放化疗的追杀。等危险解除,它们又开始无限地自我更新,疯狂繁殖,极具侵袭性的狼子野心才昭然若揭。经过它们的一番折腾,患者早已痛苦不堪,病情迅速恶化,癌细胞大面积转移,直至失去宝贵的生命。

如今,学术界普遍认为:肿瘤干细胞具备自我更新和分化的能力,是肿瘤复发、转移、药物耐受的罪魁祸首;只有找到消灭肿瘤干细胞的方法,才有可能真正攻克癌症。

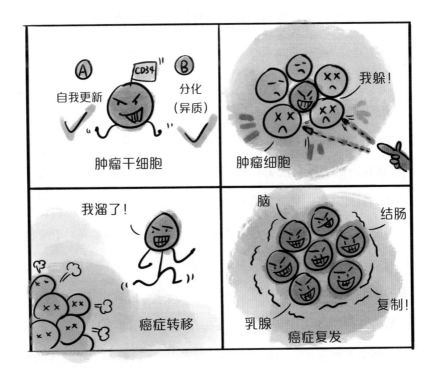

但一路走来,"擒王之路"绝非一帆风顺。无论是肿瘤领域的泰斗温伯格,还是明星药企艾伯维(AbbVie),都在肿瘤干细胞疗法领域

碰了一鼻子灰。"有关癌症干细胞的探索尚处在起步阶段,充满未知和吊诡矛盾,同时也赋予了科学更多的想象空间。"温伯格坦言。

肿瘤干细胞假说从它诞生之初就争议不断。

自19世纪以来,科学术界基本达成共识:癌细胞表面看似相同,其实好比七个葫芦娃,个体之间大相径庭,各有各的本事。早在1937年,菲尔斯(Jacob Furth)和卡恩(Morton Kahn)就发现,在健康小鼠体内注射患癌小鼠的单个癌细胞,就可以在健康小鼠体内发展成新的肿瘤。这种特殊的单个癌细胞怎么如此可恶至极呢?

到了20世纪中叶,著名肿瘤学家皮尔斯(Gordon Barry Pierce)发现,高产致瘤的肿瘤细胞与干细胞一样,还能分化成非致瘤性(移植后不能形成肿瘤)细胞。于是皮尔斯灵机一动,信手拈来,给这种细胞取了个名字,叫肿瘤干细胞。

1994年,多伦多大学干细胞生物学家迪克(John Dick)站在前辈的肩膀上,又往前迈了一大步,首次发现肿瘤干细胞其实有可识别的标签,比如白血病癌细胞如果要评上肿瘤干细胞的"职称",表面要有CD34标志物,并且不能有过多CD38标志物。

迪克的发现是里程碑式的成就,但遗憾的是,当时学术界对干细胞领域的研究关注度比较低,整个癌症研究的重心还停留在生理学层面,迪克的成果并没荣登头条,只是掀起小小的涟漪。除此之外,一些科学家开始抬杠:与其他实体瘤相比,白血病有点特殊,根本不具代表性。

既然学术界看不上血癌,那就只能向实体瘤进发了。2003年,肿瘤干细胞领域迎来了一次真正意义上的"革命":密歇根大学的克拉克(Michael Clarke)从人乳腺癌中分离出肿瘤干细胞,只需200个这种类型的细胞,就可在健康的小鼠体内形成肿瘤,相比之下,哪怕成千上万个非肿瘤干细胞也无法致癌。克拉克还进行了标志物鉴定,提供了实体瘤中首个令人信服的证据。

几个月后,多伦多大学的迪克斯(Peter Dirks)发布了脑癌干细胞的文章。2006年,迪克和意大利的德玛利亚(Ruggero De Maria)团队又分别独立地在结肠癌中发现了肿瘤干细胞。

这么多证据,是不是代表肿瘤干细胞假说就彻底成立了?

才怪!

学术界中质疑的声音如潮水般涌来。

"杠精一号"当数《科学·转化医学》杂志的知名博主洛维(Derek Lowe),他在几篇博文中进行了夺命连环问:到底有多少癌症类型是受肿瘤干细胞驱动的?异种移植肿瘤(人体肿瘤细胞接种到免疫缺陷小鼠上)这种模型是否可靠?哪怕确实有一小部分癌细胞更具侵略性,我们就可以简单粗暴地把它们叫作肿瘤干细胞,一概而论吗?

约翰斯·霍普金斯大学的肿瘤学家马祖(William Matsui)也指出,"如果过于依赖这些标志物,我们肯定会被愚弄"。也就是说,当无法确认标志物是肿瘤干细胞的专属时,就用标志物来分离肿瘤干细胞进行研究,有点钻逻辑学的空子。

除了动口,君子该动手时也不含糊。当时还在密歇根大学干细胞生物学中心担任主任的莫里森(Sean Morrison)对肿瘤干细胞存在质疑,便决定亲自验证一下有多少黑素瘤细胞有再生能力,可自诩为肿瘤干细胞。和之前的数据不同(0.0001%—0.1%),莫里森团队发现25%的黑素瘤细胞可在小鼠体内形成肿瘤,并且从四名不同患者中未经挑选进行的单细胞移植，有27%形成了肿瘤。居然有高达27%的细胞是肿瘤干细胞，那么肿瘤干细胞的定义还有什么意义呢？

难道之前的研究有造假嫌疑？在这里，我们还是要澄清一下，莫里森就移植技术做了改进，所以不能简单比对数据。但莫里森的质疑确实暴露了至少两个问题。

第一，移植方法不同就能造成如此悬殊，那如何判断哪种移植方法和人体真实情况更接近？第二，如果肿瘤干细胞确实占了整个肿瘤的25%，还有什么特殊之处？要知道肿瘤干细胞理论受追捧，原因之一是打不死的"小强"，患者接受治疗后，肿瘤看上去消失了，实际上还有这些顽固分子藏在角落里。如果超过四分之一的癌细胞都是肿瘤干细胞，还能视而不见吗？

莫里森作为知名科学家，秉承辨证看待问题的态度，并没有一棒将肿瘤干细胞假说拍在沙滩上，他也说过："即使干细胞模型仅适用于某些形式的癌症，但此类研究也值得提倡，而且潜力无穷。"

孤注一掷的豪赌吗？

聊完学术界的争议，我们再来看看工业界的热闹。《科学》杂志曾形容肿瘤干细胞的研究是一场豪赌，而豪赌的主角之一便是桃李满天下的温伯格。

"我已经在癌症领域奋斗40年，然而我们做过的许多研究在临床上被证明毫无用处。"温伯格曾沮丧地表示。要知道，温伯格在癌症领域可是名声在外，不仅发现了第一个致癌基因和抑癌基因，还为抗癌药物赫赛汀的发明奠定了基础。可想而知,温伯格拿奖一定拿到手软,唯一遗憾的是,无论业界多么为他抱打不平,他还是和诺贝尔奖擦肩而过。做出了此等贡献的人,何以发表如此悲观的感叹,让公众十分不解。或许,这就是科学家的谦虚或幽默吧。在某次采访中,温伯格被问到为何走上科学之路,他的理由竟然是本来想当医生,但一听说医生需要熬夜值班,当下就打退堂鼓了。

不管怎样,在古稀之年,温伯格对治疗癌症又重燃希望。"这是我第一次真正意义上被委任开发确实能给癌症患者带来希望的药品。"温伯格的乐观便是来自对靶向肿瘤干细胞疗法的认可。

为此,温伯格"赌"上了自己的声誉,以及投资人2亿美元的巨额资金。他孤注一掷,创立了名为Verastem的公司,决心用临床试验验证靶向肿瘤干细胞确实是攻克癌症的不二选择。

Verastem的初衷是筛选能靶向局部黏着斑激酶(Focal Adhesion Kinase,简称FAK)的药物,因为温伯格相信,阻断FAK能直接杀灭肿瘤干细胞。这里暂且不深入讨论FAK和肿瘤干细胞的亲疏关系以及这个假定是否成立,直接看看Verastem在FAK抑制剂上下的功夫。

Verasterm总共有两款靶向FAK的药物,老大叫VS-6063,老二叫VS-4718。可惜不到三年时间,Verasterm就宣布不优先考虑VS-4718,毫不留情地中止了临床试验。潜台词大概就是"家里钱不够,得先养着老大"。

那背负家族使命的老大又表现如何呢? VS-6063一路"打怪升级",开启了自己的求学之路。

小学升初中考试(临床Ⅰ期)VS-6063的成绩还不错,9名亚洲实体瘤患者中有2名24周内没有进一步恶化,顺利考入初中(临床Ⅱ期),只可惜期中考试(临床中期数据分析)间皮瘤这个科目没通过,只能叫停临床试验。之后,VS-6063又发奋图强,参加了非小细胞肺癌科目的考试,结果还是不尽如人意。

但毕竟是亲生的,Verasterm不忍心放弃VS-6063,于是让它和表亲VS-6766联合作战,无论结果怎样,已经很难佐证肿瘤干细胞的关键作用。Verasterm的官网上也悄悄地闭口不提"肿瘤干细胞"这些字眼。

除了温伯格,下注于肿瘤干细胞领域的,还有大名鼎鼎的国际生物制药公司艾伯维。

2016年,彼时大金主艾伯维的伯乐团寻觅千里马时遇到了Stemcentrx,这是一家靠着明星产品Rova-T风生水起的生物科技公司。双方一拍即合,艾伯维大手一挥,就给Stemcentrx写了一张价值58亿美元的投资支票,美滋滋地坐等超额回报。

Rova-T是什么黑科技,能让艾伯维这么挥金如土?简单地说,Rova-T是给毒素安装了一个导航(DLL3抗体),导航能精准地将毒素配送到肿瘤干细胞身上。如果肿瘤干细胞假说成立的话,听起来确实是个很不错的策略。

然而,接下来几年里,Rova-T临床试验频频告败,但花了重金,艾伯维也只能宣布暂且将Rova-T雪藏起来。当时买Stemcentrx,除了Rova-T,还有其他四个化合物,至于要怎么处置,艾伯维保持低调处理,拒绝回应。再丰满的理想也抵不过这动不动就打个上亿美元的水漂。靶向肿瘤干细胞的热潮慢慢退去。

路漫漫其修远兮

冷静下来,让我们先回到原点,思考肿瘤干细胞的三个终极哲学命题:是谁,从哪里来,到哪里去。

我是谁?

名字是有了,肿瘤干细胞到底是谁? 我们先看"皮囊",再论"内在"。

所谓"皮囊"不外乎面上能看到的,也就是说瞅一眼,就能从细胞群里找到肿瘤干细胞,而不是其他癌细胞或正常细胞。对细胞来说,最容易识别的五官就是标志物,不同细胞都有自己独特的标志物。确认标志物后,设计药物才能有的放矢。

可问题来了,哪怕是同一种癌症,比如乳腺癌,有些专家说肿瘤干细胞的标志物是A,其他专家却说是B,还各有各的理。

不仅如此,肿瘤干细胞标志物还随着局部微环境的变化而变化。比如说,在顺铂化疗诱导下,普通肿瘤细胞能生成肿瘤干细胞标志物,还获得自我更新能力,完美演绎了"杀不死我的,必使我强大"的脚本。反之亦然,肿瘤干细胞也被发现在特殊条件下丢失掉标志物。

因此,科学家认为,追捕肿瘤干细胞不能这么肤浅地只看表面,要对它的内在有个清晰的画像。

听起来确实有道理,那就给肿瘤干细胞拍个X射线片,看看它的心肝脾肺肾是否藏了什么玄机。没想到，一拍片更傻眼了，这错综复杂的关系该如何厘清头绪？有不少特质在普通癌细胞里也有！到头来，哪怕药物有效，还是道不清究竟是刺杀了肿瘤干细胞还是普通癌细胞。

最后，再来看看功能。和其他癌细胞不同，肿瘤干细胞既然有干细胞这个头衔，就是因为有自我更新和分化能力，所以不少药物开发尝试均围绕如何阻断癌细胞的自我更新能力，但似乎都没取得预期效果。

从哪里来？

肿瘤干细胞，按照英文命名，可以理解为"名"肿瘤，"姓"干细胞，也就是属于干细胞家族。最开始的理论普遍认为，肿瘤干细胞是由正常干细胞突变而来的。

事实上，不少证据给这个假设提供了支持。例如，研究发现，有六名患者骨髓移植后又得上癌症，因为骨髓移植的捐赠者是异性，在追踪癌细胞时就很容易区分是自己的细胞还是捐赠者的细胞。结果发现，患者肿瘤内皮中有4.9%是来自异性捐赠者的干细胞，也就是说，健康捐赠者的干细胞在一定程度上助力了肿瘤的生成。

除此之外，分化的细胞也有可能去分化，转变成肿瘤干细胞，不过和干细胞相比稍费了点儿功夫。毕竟无限生长潜力是高门槛的核心技能，而这项技能干细胞已经掌握，所以只需要简单的变化就可出圈，但对已经分化的细胞来说，就得铆足干劲进行脱胎换骨的改变。

既然肿瘤干细胞来源这么宽泛、随机、任性，显然很难从根上入手。好在无论是干细胞还是分化细胞，都需要肿瘤微环境的助力。肿瘤微环境好比一个摇篮，管它是鸡蛋、鹅蛋、鸭蛋，进了这个摇篮就被孵化成坏蛋。因此，与其纠结肿瘤干细胞从什么细胞进化而来，不如研究一下肿瘤微环境，琢磨如何阻挡它给入住细胞提供恶之养分，进行不良教育。

到哪里去？

肿瘤干细胞如此变幻莫测，控制它的去处，不失为一妙计。

其中一个办法就是诱导肿瘤干细胞走向分化之路，从而剥夺它的作恶能力，并使之锁定在这种状态下。既然分化了，那就相当于摘下干细胞的光环，变成普通癌细胞，这样就能轻而易举地拿下它。

意大利米兰干细胞研究所的科学家曾经很机智地用了这一招：他们将脑肿瘤干细胞暴露于一种诱导正常干细胞分化的蛋白质，于是肿瘤干细胞不知不觉地进行了分化，形成新肿瘤的能力也随之降低。

爱因斯坦曾说："如果我们知道自己在做什么，就不会称之为研究。"这句话形容肿瘤干细胞研究领域再恰当不过。

有关肿瘤干细胞的探索尚处在起步阶段，充满未知和悖论，同时赋予了科学更多的想象空间。如今所谓的争议也好，误解也罢，兴许都是迈向真理的热闹伴奏乐。

化骨绵掌

　　盘点金庸武侠小说中的各种武林秘籍,化骨绵掌必然榜上有名。化骨绵掌是一种极为难练的阴毒功夫。被化骨绵掌击中的人,开始浑如不觉,两个时辰后掌力方发作,全身骨骼奇软如绵,处处寸断,脏腑破裂,惨不堪言。在经典喜剧电影《鹿鼎记》中,由中国香港知名男演员、被誉为"香港黄金配角"的吴孟达扮演的海公公,凭借化骨绵掌跻身武林高手之列,并成为韦小宝除掉鳌拜的"秘密武器"。电影中,达叔和星爷(吴孟达和周星驰)那段传授武功的桥段,精彩绝伦,令人捧腹。黄金搭档,实至名归。让人惋惜的是,吴孟达 2021 年因肝癌去世,享年 69 岁。近年来,癌症治疗领域也出现了类似化骨绵掌的武功秘籍,它有个极其复杂的名字,我们一起一探虚实吧。

癌症治疗领域类似化骨绵掌的武林秘籍，叫靶向蛋白降解（Targeted Protein Degradation，简称TPD），它之所以能称霸江湖，离不开"垃圾回收桶"这一神奇装置的辅佐。因此，我们必须先弄清楚细胞"垃圾回收桶"的原理。

细胞为了保持自身的健康可持续发展，发明了"垃圾回收桶"这样一个"神器"。当细胞内蛋白生产过程中出现次品，或者蛋白使用时间过长产生老化后，细胞便号召代号为E3的清洁工给这些目标蛋白贴上"垃圾标签"。"垃圾标签"的学名叫泛素，清洁工的学名叫泛素

连接酶。带着"垃圾标签"的目标蛋白,会自觉地跳进"垃圾回收桶",被"垃圾回收桶"里的蛋白酶分解成原材料(氨基酸等)回收再利用。

细胞这套变废为宝的系统精密高效,堪称环保界的领军人物。将"垃圾回收桶"这一装置捧红的以色列科学家切哈诺沃(Aaron Ciechanover)、赫什科(Avram Hershko)以及美国科学家罗斯(Irwin Rose),也因此一举摘获2004年诺贝尔化学奖桂冠。其中切哈诺沃和赫什科还是中国科学院的外籍院士。

既然已经登上国际舞台,再用"垃圾回收桶"这种名字势必难登大雅之堂,于是科学家们给它取了一个"高大上"的名字:泛素调节蛋白降解。

"钓鱼"

20世纪90年代末的某天,一则有意思的科研结论见诸报端。有研究指出:由细菌产生的环氧霉素在杀死黑色素瘤细胞方面有着惊人能力。看似一则普通的报道,却让美国耶鲁大学的新晋教授克鲁斯(Craig Crews)兴奋不已。彼时,克鲁斯刚刚在耶鲁大学站稳脚跟,踌躇满志,打算开拓一片天地。敏锐的克鲁斯意识到,环氧霉素似乎另有玄机。既然环氧霉素可以杀死黑色素瘤细胞,那它到底是怎么杀死的呢? 克鲁斯决定,来一场"钓鱼"执法。

于是,克鲁斯便带领实验室的小伙伴们展开了反反复复的"钓鱼"工作。所谓"钓鱼",就是将环氧霉素覆盖在如细沙大小的塑料珠上,作为"钓饵",然后把癌细胞捣碎成浆糊状倒进去,等着能和环氧霉素相结合的目标蛋白上钩。克鲁斯团队惊喜地发现，被钓上来的部分正是"垃圾回收桶"的组成部分——蛋白酶体。

后续的实验证明，环氧霉素可以怂恿"垃圾回收桶"罢工。与健康细胞相比，癌细胞有超高产能，在"垃圾回收桶"罢工后，癌细胞还是能持续生产过剩的蛋白，导致蛋白堆积如山，这其中还包括了一些本应该回收处理的有毒蛋白。故而，癌细胞不堪重负，日渐消亡。

在克鲁斯看来，环氧霉素已经不是简简单单的科学发现，而是蕴藏着巨大的商业价值，很有潜力成为治疗癌症的重磅药物。1998年，在风景优美的华盛顿州塞米阿莫湾学术会议上，克鲁斯偶遇加州理工学院教授德沙伊斯（Raymond Deshaies）。德沙伊斯驻足在克鲁斯的海报前，被这个年轻人的研究深深吸引。两人英雄所见略同，一拍即合，决定联手创业，专门进行环氧霉素的临床应用研究。

2012年，两人的合作取得丰硕的成果，环氧霉素的升级版本卡非佐米（Kyprolis）作为治疗多发性骨髓瘤的药物在美国成功获批。2021年，卡非佐米也顺利在中国获批。有这么一个明星药物，克鲁斯和德沙伊斯共同创立的公司Proteolix自然吸引了不少买家，2009年被Onyx收购后，2013年又被全球最大的生物制药公司之一安进（Amgen）纳入旗下。上市后，卡非佐米效果不错。但遗憾的是，此类旨在利用破坏癌细胞"垃圾回收桶"达到治疗效果的药物，与其他传统抗癌药物一样，终究难逃耐药性的宿命。

面对挫折，克鲁斯没有气馁。颇具辨证思维的他，突然想到另一种可能性。换个思路，如果不去破坏"垃圾回收桶"，而是利用"垃圾回收桶"，快速分解导致癌症的目标蛋白，是不是有可能解决耐药性这个老大难问题呢？

克鲁斯陷入了沉思，至此，TPD的雏形慢慢浮现在他的脑海中。

梦想家的小玩意儿

克鲁斯设想的TPD形状与哑铃类似，进入细胞后，TPD一端能结合目标蛋白，另一端可以招募清洁工E3，人为地将E3与目标蛋白凑到一块。和目标蛋白亲密接触时，出于职业习惯，E3会不自觉地给目标蛋白贴上垃圾标签。等E3离开后，目标蛋白受到垃圾标签的控制，还没等反应过来，已经稀里糊涂地跳进"垃圾回收桶"，被切割得粉碎。

多么无懈可击的设计啊！有此技能在手，TPD简直可以横扫江湖，看谁不顺眼就让谁消失。更让人兴奋的是，传统抗癌药物往往只能压制目标蛋白的功力，其蛋白骨架还在，假以时日，狡猾的蛋白又会通过变异恢复功力，进而导致治疗失效、疾病复发。相比之下，TPD更加杀伐果断，以一种非常巧妙的方式调动纯天然资源，直接将癌细胞的核心蛋白连皮带骨处理掉，完全不给目标蛋白酝酿诡计的时间。

更妙的是，传统药物一个萝卜一个坑，也就是说，药物和目标蛋白结合后，它的使命也就到此为止。但TPD还具有回收技能：一个TPD把靶向蛋白降解后，还能马不停蹄地继续干活，寻找下一个目标继续发光发热。

理想如此丰满，现实依旧骨感。TPD有两个致命弱点：第一，要设计出TPD此等精致的分子,需要科学家反反复复地实验优化,正所谓蜀道之难,难于上青天,无数科学家呕心沥血,也难觅万一。第二,TPD千好万好,却因为体形太过笨重,很难顺利穿过细胞表面的微小通道。被阻挡在细胞外面的TPD,自然毫无用武之地。连克鲁斯都曾经自嘲,TPD兴许只是一个科学家好奇心催生的小玩意儿而已。当年克鲁斯万万没料到,这个科学家的小玩意儿,如今吸引了几乎所有国际药企的关注,以至毫不吝啬地投资了几十亿美元。各路制药业巨头,如果没一两个拿得出手的TPD在研产品,都会在新技术的潮流中落伍,羞愧得抬不起头。

百花齐放始淘金

事实上,TPD的概念提出后,经历长达20年的起起落落。2001年,两位老搭档克鲁斯和德沙伊斯首次推出第一代TPD,成功降解了2型蛋氨酸氨肽酶。虽然与理想产品差距很大,但初步证明了TPD这个概念并不是痴人说梦。

第一代TPD基于多肽。和小分子相比,多肽过于娇气,遇到一点屏障就打退堂鼓,在穿透细胞这件事情上不够激进,也就不能很好地完成自身的神圣使命。更让人头疼的是,多肽不稳定,自己很容易被降解。TPD的任务本是降解目标蛋白,到头来自己先被降解了,出师未捷身先死,实在难堪大任。

2008年,第二代TPD显现江湖,全部由小分子构建的TPD药物模式正式出现。这标志着TPD历史性地迈进小分子元年。第二代

TPD的背后推手依旧是克鲁斯,这次他们将目标对准了前列腺癌的罪魁祸首——雄激素受体。

时隔两年后的2010年,另一个看似毫无关联的研究,为TPD提供了新的视角。彼时,东京医科大学教授半田宏团队在研究治疗孕妇恶心的沙利度胺为何影响胎儿发育时发现,沙利度胺可能是与E3这个清洁工同谋,影响了胎儿肢体的生长发育。

作者无意,读者有心。作为TPD研发的后起之秀,丹娜法伯癌症研究所的生理学家布拉德纳(James Bradner)当时也正在苦苦找寻泛素连接酶的抓手。布拉德纳看到这篇报道后,有着敏锐嗅觉的他灵感大发:沙利度胺既然可以抓住E3,那它不就是理想的TPD候选者吗? 真是踏破铁鞋无觅处!

2015年,布拉德纳成功发布新一代基于沙利度胺类似物的TPD,并成功降解了dBET转录因子这个传统上非常难对付的目标蛋白,开启了第一波TPD"淘金热"。

几乎在同一时期,研究发现,世界上最畅销的肿瘤药物之一来那度胺,其作用机制竟然与TPD类似。来那度胺有本事让清洁工E3将IKZF1和IKZF3两个目标蛋白给当作垃圾处理掉,这一发现进一步给TPD提供了强有力的理论支撑。

在一波未平、一波又起的TPD热浪后,德沙伊斯有感而发,写了一篇评论,宣称TPD有潜力成为超越有史以来最热门的两个药物开发主力——蛋白激酶抑制剂和抗体药物,并预言TPD时代即将开始。

"淘金热"淘的不是金子,可比金子还值钱。第一家上市的TPD公司Arvinas,成功吸引了知名药企辉瑞的注意。辉瑞这么一家盆满钵满的金主,看中的产品自然会一掷千金,不仅给了Arvinas高达6.5亿美元的首付金,还顺带支付了3.5亿美元的股权投资。赛诺菲也不甘示弱,和TPD企业Kymera达成合作,诚意满满地先贡献了1.5亿美元的首付金,如果合作愉快,还有20亿美元预付款。在TPD企业看来,一亿美元是不折不扣的小目标。

到了2019年,中国科学家也在TPD势不可挡的潮流中乘胜追击,北京大学深圳研究生院潘峥婴教授提出了"光笼"(Photocaged)TPD的概念。TPD最开始在光笼里养精蓄锐,时机成熟时,人为给予光照可除掉光笼,将TPD释放出来,完成它的使命。这样的设计无疑对药物有了更多的把控。

除上述经典模式TPD分子外,其他形式的蛋白降解策略也层出不穷,如分子胶(Molecular Glue)等新技术已经陆续出现在各大媒体的头条新闻中,相比于传统的TPD药物,分子胶体形更小。其实,沙利度胺就是一款意外发现的分子胶。虽然无论黑猫白猫,能降解目标蛋白的TPD就是好TPD,但相比传统TPD简单粗暴的原理,分子胶更加复杂。

传统TPD相当于通过哑铃结构,抓住目标蛋白和E3泛素连接酶,在空间上给双方创造亲密接触、耳鬓厮磨的条件就算是完成任务。分子胶要费的功夫更多,它要改造E3泛素连接酶的结构,诱导E3泛素连接酶去降解目标蛋白。传统TPD就像一个粗壮的大汉,拎起目标蛋白放在E3面前,大喝一声"吃它";而分子胶好比教练,培训E3获得降解目标蛋白的技能。

更有意思的是,分子胶这个教练除了进行"降解"培训,还可以新开其他课程,比如"稳定蛋白"培训,"抑制蛋白"培训,"磷酸化"培训,等等,这无疑为科学家提供了无限的发挥空间。

当然,分子胶也有它自己的短板,迄今为止,分子胶还无法摆脱被"发现"这个命运,尚且不能从头到尾被"设计"。也就是说,需要通过类似大海捞针的方式去寻找。不管怎样,分子胶领域的竞争已如火如荼,海外企业如Monte Rosa、Proxygen等,国内脱颖而出的有位于上海市浦东新区张江科技园区的达歌生物等。

回望TPD短暂的历史,先驱克鲁斯热情始终如一,如同乔布斯对待苹果手机一样,克鲁斯对TPD的研究,20年坚持不懈,不断推陈出新。他是开辟者、耕耘者,也是收获者。

不可匹敌的优势与不可忽视的问题

作为一种新的药物开发技术,TPD有其独特的优势。

传统癌症药物研发的思路,主要是通过调控与癌症相关的蛋白活性来治疗癌症。可惜的是,人体蛋白质仅有20%左右可被传统小分子药物或者抗体调控,比如近些年比较火热的药物奥拉帕尼和帕博利珠等。剩余80%的蛋白质都是难搞的"钉子户",被认为"不可成药",让科学家望而却步。"钉子户"的代表就是控制蛋白质生产的"车间主任"转录因子。

TPD的优势,一方面体现在能用化骨绵掌彻底清除整个目标蛋白,避免蛋白突变产生耐药性,其中的佼佼者就是克鲁斯推出的ARCC-4,可克服前列腺癌药物恩杂鲁胺的耐药性。另一方面,TPD

还有希望破解"不可成药"目标蛋白靶点密码,开发传统药物无法触及的广阔空间,向另外80%的目标蛋白发起进攻。

对传统小分子来说,如果要破坏目标蛋白,工作时间长,工作强度高,往往需要在目标蛋白上找到一个类似"口袋"位点的工作室后才方便劳作,但TPD速战速决,不需要和目标蛋白长时间、高强度地亲密接触,对工作地点也完全不挑剔,在目标蛋白任何犄角旮旯和缝隙随便坐下来就能开工,诱导目标蛋白彻底降解,实现一劳永逸。

迄今为止,大部分TPD研究还是从"可成药"目标蛋白入手,先证明技术有效性,再接受更大的挑战。不过还是有人愿意第一个吃螃蟹,比如伦敦癌症研究所的琼斯(Keith Jones),其团队设计的TPD小分子可以和转录因子Pirin结合,这可是从来没有被尝试过的目标蛋白。据说,很多制药巨头都在秘密开展难度极高靶点的TPD研发工作。

但是,再高强的武功也有其命门。TPD难免有硬伤:TPD的重量级体形问题导致其穿透细胞膜的能力不甚理想,水溶性和利用度都难以让人满意,因此确实需要"塑身"。塑身力度得多大呢?一般地说,一个优秀的小分子药物,大小最好不超过500道尔顿(分子量单位),但TPD有700—1100道尔顿,可见塑身任务艰巨。此外,还有一系列连锁反应,分子越大,生产成本就越高,加上穿透率低,药物就得加量,才能保证有足够的药物最终穿越重重阻碍,抵达目标细胞。这前前后后一算,可比传统小分子药物贵多了。好在分子胶是瘦版TPD,没超过500道尔顿的标准,所以可以打消这个顾虑了。

另外,如果是静脉注射还好,但要达到口服的终极目标,要走的路就更长了。不过克鲁斯创立的明星公司Arvinas已宣布,其重磅

TPD新药就是口服产品，尽显"王者风范"。

还有一个不可忽视的问题，TPD技术只能用于降解目标蛋白。但治疗某些疾病时，需要提高特殊蛋白的产量，在这种情况下，TPD就无能为力了。

2019年，TPD先行者Arvinas推动首款TPD口服药物ARV-110进入临床，这是一款针对前列腺癌的药物。三个月后，针对乳腺癌的药物ARV-471也开启临床研究，Arvinas同时关怀了男性和女性患者。

2020年年底，Arvinas宣布两款药物在临床中均取得积极结果。值得指出的是，这些患者在接受ARV-471前已平均接受过五种疗法，属于治疗门槛极高的群体。Arvinas发布的结果，十分鼓舞人心。2021年年底，Arvinas又更新了数据，显示治疗效果更加稳定。

今天，TPD的探索还在进行时，科学家们通过人工智能等技术尝试进一步拓宽TPD的边界。虽然短期内无法颠覆整个新药研发领域，但随着更多创新概念和技术的加持，在不久的将来，定会有所突破。

一箭双雕

在金庸的小说《射雕英雄传》中，郭靖人生的第一个高光时刻就是在铁木真面前展露绝技，一箭射杀双雕。当时，两只白雕被一群黑雕围攻，为救白雕，铁木真下令周围部将射杀黑雕。哲别师父让郭靖一显身手，郭靖领命。只见他接过弓箭，右膝跪地，左手稳稳托住铁弓，右手用力，张开弓箭，眼见两头黑雕从自己左侧飞过，他左臂微挪，瞄准一黑雕颈项，右手五指松开，黑雕刚要闪避，箭杆已从其颈部穿过。更绝的是，这一箭劲力未衰，接着又射进了第二头黑雕腹内。一箭贯穿双雕，两雕登时毙命。周围人见此情状，无不为郭靖喝彩叫好。如今，我们用"一箭双雕"这一成语形容做一件事，同时达到两个或两个以上的目的。在医学领域，这个理念叫"异病同治"。

清代陈士铎在《石室秘录》中就创造性地使用了"异病同治"这个词语。所谓异病同治，就是找到不同疾病之间的共同特点，开发一种疗法（或药），包治百病。但在现实操作中，想要做到异病同治，甚至是异癌同治，那可不是一件容易的事。

现有癌症治疗方案，大多基于不同癌种：乳腺癌患者张大姐和隔壁邻居肺癌患者老王大哥大概率不会使用同一种类的药。即使同为肺癌，小细胞肺癌和非小细胞肺癌也会区别治疗，更不用提因为不同类型的基因突变而定义的各种类型的肺癌了。面对各种医学名词和用药方案，莫说患者，就连医生也被越来越复杂的分类和指南弄得晕头转向。也就是说，如今的抗癌药，如果能有效对付一种癌细胞，已经耗费无数人的心力，谁还有这么大的本事，可以开发一款药，同时对付两种甚至两种以上的癌细胞呢？还别着急，真有！

振奋人心的消息？

2018年，当"第一款与肿瘤类型无关的广谱抗癌靶向药拉罗替尼获批，治愈率高达75%"的新闻出现在各大医学界头条之后，瞬间引爆舆论。这则消息实在过于"振奋人心"，普罗大众心情激动，专业科研人员更是欢欣鼓舞。

然而，理智告诉我们，在惊喜面前，应该平复心情，冷静分析，莫让胜利冲昏了的头脑。其实，稍加研究就会发现，这则"振奋人心"的消息着实漏洞百出。

首先，我们先给最博人眼球的字眼"广谱"泼泼冷水。尽管宣称针对17种癌症，"谱"确实很广，但这款药只对神经营养受体酪氨酸激酶（Neurotrophin Receptor Kinase，简称NTRK）基因融合癌症患者有效。要知道，这17种癌症类型中平均下来，只有1%的患者有这个基因突变。

其次，"第一"的宝座也很难坐稳。格列卫在2001年治疗白血病领域获批后，2006年又陆续获批用于五种癌症，针对的是特定基因缺陷（*BCR-ABL*融合基因）。

最后，"至于治愈率高达75%"，也是严重夸张的说法。75%这个数字倒不是空穴来风，但仅仅表明75%患者用药后肿瘤缩小，并且持续一定时间，然而，这和"治愈"完全是两个概念。

尽管如此，拉罗替尼的获批确实让无药可用的罕见癌症患者搭了个顺风车，更为深远的意义在于打破了抗癌药按照组织类型分类的传统格局，鼓励灵活的临床路径。

"篮子"打水一场空？

传统靶向疗法往往局限在某一特定癌种，比如格列卫之于*BCR-ABL*融合基因型白血病，赫赛汀之于*HER2*基因阳性乳腺癌等，之后再通过独立的临床试验拓展到其他癌种。虽然严谨，但总有一些小众患者陷入无药可用的困境，有些是大癌种里的罕见突变，比如 *NTRK* 基因融合；有些是几乎没有标准疗法的罕见癌种，比如朗格汉斯细胞组织细胞增生症（Langerhans Cell Histiocytosis，简称 LCH）。可以想象，如果单独给 LCH 患者开发药物，光是招募足够的患者就是个老大难问题，更不用说 LCH 患者以儿童居多，不到万不得已，父母怎么忍心让孩子冒险。

直到 2015 年，一项备受瞩目的"篮子试验"（Basket Trial）给 LCH 患者带去了曙光。所谓"篮子试验"，有点眉毛胡子一把抓的意思，不管患者属于什么癌种，但凡有相同的基因突变，都放在一个"篮子"里（开展相同的临床试验），用同一种靶向药进行治疗，以不变应万变。

首批"篮子试验"瞄准了 *BRAF V600E* 基因突变。这种突变最早

受到关注，是因为它在黑色素瘤圈异常活跃，经历数十年研究后，两个BRAF靶向药分别于2011年和2013年上市，针对黑色素瘤。

进一步研究发现，除了黑色素瘤，其他癌症也有BRAF V600E这个基因突变。那么，问题来了，BRAF靶向药是否也对其他BRAF基因突变癌症有效？

为了回答这个问题，传统做法是在每种癌症中寻找一批BRAF V600E基因突变患者，大刀阔斧地单独搞几个大临床试验。这种路径不仅效率低，从现实角度来看也几乎不可能实现，因为BRAF突变癌症有些属于罕见癌症，而在某些常见癌症中，BRAF突变的比例也不高，比如肺癌中大约只有1%患者有BRAF V600E基因突变。

于是药企机智地选择了"篮子试验"这条捷径，并在2015年发布喜人结果：122位涵盖10余种非黑色素瘤的BRAF V600E基因突变患者，统一接受BRAF靶向药威罗菲尼疗法后，42%的非小细胞肺癌患者和43%的LCH患者对药物有良好响应。这对于LCH患者来说简直就是雪中送炭，要知道高达60%以上的LCH患者都是携带BRAF V600E基因突变的。

就非小细胞肺癌患者而言，因为吉非替尼等靶向药效果显著，BRAF靶向药单独作战优势不够突出，因此选择和甲基乙基酮抑制剂结成联盟，寻得另一片新天地。

威罗菲尼"篮子试验"设计初衷是获得"广谱"标签，怎奈功败垂成，结直肠癌实在太顽固，对威罗菲尼没有任何响应。威罗菲尼不仅没得到广谱认证，还引发了科学家对"广谱"抗癌药物理念的质疑。好在后续研究发现，结直肠癌抑制BRAF会激活EGFR通路，因此可以利用*EGFR*抑制剂激活*BRAF*靶向药的功能。

由此可见，"篮子试验"存在一定的局限性，但绝不是"篮子打水一场空"，关键在于临床试验前做足功课（临床前研究），找到合适的"篮子"，以及和"篮子"匹配的患者。

几家欢乐几家愁

除了*BRAF*靶向药外，其他广谱候选药物的故事也颇具戏剧性。

针对*NTRK*基因融合的药物，几乎每一款都疗效出众，也是"篮子试验"的成功典范。首款上市的拉罗替尼，治疗各类实体瘤患者的整体响应率为75%；第二款上市的恩曲替尼也交出了不错的成绩（整体响应率为57%），连BRAF靶向药对付不了的结直肠癌患者也有受益（整体响应率为25%）。

疗效好自然能享受福利，美国监管部门给拉罗替尼一路狂亮绿灯，给予了加速通道、优先审批、突破性疗法等特殊照顾，总归就是一款药物所能得到的红利都被拉罗替尼占全了。英国也按捺不住激动之情，2019年6月，英国国家医疗服务体系首席执行官史蒂文斯（Simon Stevens）表示，广谱抗癌药物将会彻底改变游戏规则，并宣布英国国家医疗服务体系计划加快拉罗替尼等药物的审批，早日造福患者。

然而官宣后仅七个月，英国权威机构英国国家卫生与临床优化研究所和德国卫生保健质量与效益研究所，完全不给英国国家医疗服务体系面子，公开给拉罗替尼投了反对票，表示其临床没有和其他药物做比较，疗效有待进一步验证，因此性价比不高，不愿意"买单"

（拉罗替尼终端价每月约1.6万欧元）。

在美国发展顺风顺水的拉罗替尼到欧洲迎头就碰了个大钉子，好在经过进一步谈判，英国国家卫生与临床优化研究所总算松了口，答应给拉罗替尼试用期，同时收集更多数据。

HER2的版图边界究竟在哪儿？

靶向药赫赛汀对HER2阳性乳腺癌来说，绝对堪称"革命性药物"，无论是治疗晚期转移癌症，还是用于早期术后辅助化疗防止复发，表现都可圈可点。

赫赛汀的故事始于20世纪80年代，温伯格最早发现HER2参与不少癌细胞组织的活动，之后斯拉蒙（Dennis Slamon）进一步确定了HER2与乳腺癌的亲密关系：HER2高表达的癌症更具侵袭性，生长速度更快，转移速度也高于其他类型的乳腺癌。

既然找到始作俑者，接下来就需要研究如何才能控制住HER2的恶行。敏锐的斯拉蒙寄希望于彼时备受关注的新秀企业基因泰克（Genentech）。然而基因泰克慑于癌症药物频频失败的惨痛教训，分配给HER2研究的经费少之又少。之后因与HER2结缘的好伙伴乌尔里希（Axel Ullrich）也伤心离开了基因泰克，斯拉蒙陷入孤军奋战的境地。之后历经艰辛，斯拉蒙终于将小鼠抗体升级到人源化抗体，但基因泰克还是提不起研究兴趣。

意料之外的是，赫赛汀临床试验不顺利的消息在乳腺癌患者社群中快速扩散。在媒体的炒作下，患者群掀起了对赫赛汀的狂热运动,抗议者甚至闯入基因泰克,诟病其研发不力,不能尽早让身处绝境的患者接受赫赛汀治疗。

面对此等公关灾难,基因泰克别无选择,只能迫于形势加快推进这一重磅药物的临床试验研究。为了纪念斯拉蒙的贡献,2008年名为《生存证明》的电影上映,讲述了开发赫赛汀的传奇故事。

1998年获批后,赫赛汀逐渐奠定了坚如磐石的地位,成为靶向疗法的模范生。随后,赫赛汀又将目标瞄准到其他 *HER2* 高表达的癌症类型,比如胃癌、胆管癌、胆囊癌等,并于2010年顺利地攻下胃癌。

和BRAF抑制剂的命运相似,赫赛汀也遇到了钉子户,即 *HER2* 高表达卵巢癌(只有7.3%的响应率)。当然,这点挫折并不能阻止 *HER2* 进军"广谱"靶点的步伐,现在已有多项与 *HER2* 相关的"篮子试验"在紧锣密鼓地进行,比如来那替尼以及赫赛汀与其他药物的联用。

概念炒作还是高瞻远瞩?

既然"篮子试验"的益处不可小觑,又可以关怀到罕见癌症患者的治疗,为何不大力推广呢?

部分持反对意见的科学家认为,"篮子试验"没有对照组,入组人数少,很难评估其疗效是否具有统计学意义。也就是说,哪怕入组患者对药物有强烈反应,疗效也不一定具有普适性。

那加入对照组,不就解决问题了吗?说起来容易,做起来难。"篮子试验"通常针对没有任何治疗选择的患者。试想一下,摆在患者面前的选项有两个：一个是有可能救命的新药，一个是安慰剂，如果患者被随机分配到新药组或者安慰剂组，一来不太人道，二来患者也不会愿意拿自己的生命下赌注。

毋庸置疑，"篮子试验"并没有达到严格意义上的高标准，但对无药可用的患者来说，一线希望总好过没有希望。先让患者在生死面前有选择的机会，再慢慢积累更多真实数据对治疗方案进行调整，也未尝不可。

从实操层面来看，"篮子试验"确实有它的硬伤。比如25000多名患者基因测序后，只有15%可以和获批药物匹配，10%可和临床试药物匹配。目前由美国癌症研究所亲自挂帅的大型"篮子试验"在对5000多名患者进行筛查后，发现只有37.6%的患者可以匹配治疗方案。也就是说，大部分患者即使测出来哪个基因是癌症的共犯，也没有合适的装备制裁。

好在伴随前沿技术的发展，以往无法成药的靶点也被一一攻破，比如2021年获批的靶向药AMG510，主要针对常见的致癌基因——鼠类肉瘤病毒癌基因（*KRAS*）。事实上，2006年，通过靶向疗法获益的癌症患者比例只有0.7%，而到了2018年，这一比例迅速增长到4.9%，这很大程度上得益于新靶向药的快速发展。

值得指出的是，部分癌症存在突变"长尾"效应，也就是说，大部分基因突变的发生率很低，突变分布图像拖着一条又长又细的尾巴。幸运的是，在不同肿瘤类型中发现不少共享"长尾"基因突变，有潜力成为候选"篮子"。

此外，再开开脑洞，其实"篮子试验"在继发耐药上也能大展身手。相同靶点耐药类似,不同靶点耐药机制也有相似之处。比如,*EGFR*和*NTRK*都可能因MET通路激活而耐药,后续完全可以设计一个"MET篮子",把相应耐药的患者装进来。

定义癌症组织学起源的光学显微镜发明于1590年,之后一直是癌症诊断的技术支柱。人类首次基因组测序发生在21世纪初,当时耗资近30亿美元,耗时10余年。现在,基因组可在几小时内完成测序,成本降至几百美元。基因测序技术的成熟开启了癌症诊断治疗新时代。

历史步伐行至今日,精准医疗不再是天方夜谭。2015年,中国启动了"精准医疗计划",预计在2030年前将投入600亿元人民币。具体到癌症疗法,从靶向药逐步占据江湖,再到"广谱"药物小试牛刀,未来发展将走向细化到每个患者,量身定做"3D"治疗方案(横向是不同的癌症组织;纵向是专属基因图谱;垂直方向是顺着时间演变)。

至于"广谱"药物以及"篮子实验",从经济学来说,已有不错效益,同时带动了其他靶向药的尝试。除了靶向癌细胞自身突变外,免疫疗法"篮子试验"也是值得探索的方向,毕竟肿瘤本身和特定组织器官的羁绊更深,一方水土养育一方细胞,但免疫细胞是"流动人口",瞄准目标,只要有较为友好的环境(非免疫抑制),并不在乎对付的癌细胞隶属于哪个组织。

部分靶向疗法兴许会和BRAF一样,"谱"摆得没那么广,比如AMG510在肺癌治疗领域获批,在结直肠癌治疗领域就表现平平。设想一下,如果每个靶向药能覆盖1—2个大癌种,顺带搞定一些罕见癌种的弟兄,跬步千里,滴水成河,相信未来更多患者能有药可用。

故技"新"施

在《水浒传》中，武大郎是个让人唏嘘的小人物。他自幼父母双亡，独自将弟弟武松抚养成人。因身材矮小，面貌丑陋，被人称作"三寸丁谷树皮"。武大郎勤劳朴实，心地善良，靠着卖炊饼度日。机缘巧合，他迎娶了美妻潘金莲。性格软弱、又胆小怕事的武大郎，金屋藏娇，必招致大祸。在王婆的撺掇下，潘金莲竟与西门庆私通。后来怕事情败露，两人合谋将砒霜加入武大郎的药中，毒死了武大郎。这个故事太深入人心了，上到八旬老朽，下到黄口小儿，都认同砒霜是"毒药之王"。但或许你不知道的是，砒霜还有另一个身份——白血病的克星。砒霜怎会是白血病的克星呢？想知道其中的奥秘，必须理解一个重要的新药研发策略——老药新用（Drug Repurposing）。

众所周知，开发一款新药，可不是一件容易的事。业内人士普遍接受的说法是遵循"三个十"的规律：研发周期大概需要耗费10年时间，投入约为10亿美元，但成功率只有10%。对抗癌药来说，形势则更为惨淡，研发时间和投资只多不少，成功率又骤降至5%。

有没有投入产出比相对高一些的捷径呢？也有，就是老药新用。据统计，老药新用可以显著提高"三个十"，不仅省时（6年）、省钱（3亿美元），成功率还飙升至25%。如此诱人的攻略，怎会不引无数英雄竞折腰。但是要想成功用上这一攻略，似乎还要与老天爷搞好关系，因为老药新用，主打一个"无巧不成书"。

当幸福来敲门

我们先看看两个老药新用的经典案例，这两个"老树开新花"的故事，不仅在制药界家喻户晓，也让它们背后的老板直接奔向了小康，羡煞旁人。

20世纪80年代早期，辉瑞野心勃勃地推出一款新药西地那非，试图将其培养成心绞痛的"杀手级应用"。无奈的是，西地那非表现平平，辉瑞只能选择将其召回。就在这时，令人费解的一幕出现了，召回令发布后，参与西地那非试用的男性客官竟支支吾吾地都不愿退货。辉瑞调查后才发现其中的玄机。原来，西地那非的副作用居然那么神奇，竟然可以造福男性。发现这一秘密之后，辉瑞可乐坏了！立马启动了西地那非针对阳痿患者的临床试验，将这一重磅药物推向市场。自此，西地那非这枚神奇的小蓝丸，以"伟哥"的诨名重出江湖。在造福广大男同胞的同时，辉瑞自己数钱也数到手软。

另一款生发"神药"米诺地尔，与小蓝丸的发家史惊人相似。成为生发明星前，米诺地尔起初研发出来的用途是针对溃疡，可惜疗效不理想。经过改造，真正在公众面前亮相是以降压药的身份，名为敏乐啶，但这个疗效依旧不能让人满意。偶然的机会下，厂家发现米诺地尔居然有生发的奇效，故而今天，培健的名号才响彻大江南北。

老药新用的案例实在太多，像在心脑血管领域享有盛誉的阿司匹林、我国诺贝尔奖得主屠呦呦先生发现的青蒿素，都是其中的"顶级玩家"。相比开发全新药，老药新用的亮点不少。因此，这几年老药新用的概念在抗癌药板块引发了不少热议。

机缘巧合的发现

提到老药新用在癌症领域的表现，就得聊聊双硫仑（Disulfiram）。双硫仑是一种历史悠久的戒酒药，1949 年获批上市，有 70 年安全保障。酗酒者服用双硫仑后再喝酒，会引发诸如恶心、头痛等不适症状，从而被"劝退"。那双硫仑作为戒酒药，与癌症有什么关系呢？

我们的故事要从1971年约翰斯·霍普金斯医院的医生刘易森（Edward Frederick Lewison）发表的一则报道说起。报道的主角是一位38岁女性乳腺癌患者。患者确诊乳腺癌时已发生骨转移，命不久矣。之后由于种种原因，患者借酒消愁，成为重度酗酒者。无奈之下，医生停止所有癌症疗法，给她开了双硫仑，劝她不管怎么样，至少把酒戒了。

出乎意料的是，这名患者不仅活了十年，最后死因也不是癌症，而是因为醉酒从三楼窗户跌落。更令人咋舌的是，尸体解剖发现，她的骨转移肿瘤竟然神奇地消失了。

巧合的是，2017年《自然》杂志上发表了一项重磅研究，分析了丹麦24万例癌症患者数据后发现，在3000多名服用过双硫仑的患者中，坚持长期持续服用双硫仑的1177名患者，比停止服用双硫仑的患者的死亡率降低了34%。看来还真是印证了那句话——"药不能停"。不仅如此，文章还首次解开了谜团：双硫仑会干扰泛素蛋白降解，从而导致癌细胞不能及时清理垃圾，垃圾越积越多，自然就不堪重负，一命呜呼了。

事实上，一项针对转移性非小细胞肺癌临床的实验发现，双硫仑与化疗联用时，比单独接受化疗的效果更好，患者生存期更长。遗憾的是，它针对胶质母细胞瘤的临床表现却并不理想。所以，双硫仑能否真正出圈成为抗癌药物，目前还不能盖棺定论。

白菜价就能买到抗癌药？

虽然没有阿司匹林名气大，但作为降糖一把好手的二甲双胍（Metformin）也后生可畏，再加上其抗衰老潜力，"神药"气质逐渐养成。尽管头顶光环，但二甲双胍却非常亲民：2020年国家药品集采后，最低报价直接跳水降到每片人民币1.5分钱，简直比"白菜价"还便宜。这么便宜的药，如果能抗癌，岂不是患者的福音？

我们先回顾一下二甲双胍的发迹史。

二甲双胍和名为山羊豆的草本植物息息相关，原产于欧洲南部和西南亚。早在中世纪，山羊豆就被用来治疗鼠疫、蛇咬等，甚至被用来饲养牲畜以增加奶制品产量。最重要的是，山羊豆可以改善消渴（指多饮、多尿、尿甜等综合症状），这也是将山羊豆和降糖联系起来的纽带。如今，山羊豆遍布世界各地，入乡随俗，又有了"法国紫丁香""西班牙红豆草""意大利艾鼬"等别称。

早在1772年，山羊豆就被用来改善糖尿病症状，19世纪中下叶，科研人员发现山羊豆富含胍类化合物，于是开展了各种胍类提取合成的尝试。一直到1918年，耶鲁大学的日裔科学家渡边（C.K. Watanabe）在动物体内验证了山羊豆碱（双甲胍类药物的前身）有降糖功能，但无奈肝毒性太大而无法应用于临床。

1922年，化学家沃纳（Emil Werner）和贝尔（James Bell）首次成功合成二甲双胍，之后德国科学家又初步证实其有降糖作用。无奈生不逢时，劲敌胰岛素的出现让二甲双胍备受冷落。

直到20世纪50年代，随着胰岛素和广泛应用，因其引发低血糖、耐胰岛素等问题发生，胰岛素的局限性被逐渐认识到后，二甲双胍才重回舞台。1956年，斯特纳（Jean Sterne）开启二甲双胍的临床研究，并将其形象地称为"葡萄糖食者"。1958年，该药在英国获批上市。

然而，同期上市的"胍家兄弟"还有苯乙双胍，降糖效果比二甲双胍更胜一筹。因此二甲双胍很快又被打入冷宫，后来还因为苯乙双胍的乳酸中毒事件"无辜躺枪"，一度徘徊在退市边缘。

尽管如此，斯特纳仍坚持不懈，继续积累更多临床数据。时隔近40年后，二甲双胍于1995年成功在美国上市。1998年，二甲双胍又迎来了一场漂亮的翻身仗：历时20年的英国前瞻性糖尿病研究数据锦上添花，不仅充分证实了二甲双胍的降血糖作用，还暗示其能够保护心血管，于是二甲双胍开始风靡全球，并于2005年得到国际糖尿病联盟的官方认证。国际糖尿病联盟直接在其发布的国际糖尿病全球指南里白纸黑字地标注了"二甲双胍作为2型糖尿病药物治疗"。

时至今日，二甲双胍已成为全球应用广泛的降糖药，年销售额近30亿美元，然而它的传奇并没有就此止步。

进入21世纪，各国开展了大小规模不一的二甲双胍回顾性研究，探索长期服用二甲双胍是否更不容易患上癌症，以及患上癌症后的生存期是否可以延长。比如2012年发表的一项涉及两万余名糖尿病患者的研究显示，二甲双胍可显著降低癌症死亡率和发病率。2013年也有研究宣称，二甲双胍可降低前列腺癌复发的可能性和死亡率。

然而，回顾性研究是一种由果及因的方法，难免存在偏倚。举个例子，假如有这样一个回顾性研究，对象是四名癌症患者，分别是张三、李四、王二和麻子；目标是研究服用三年以上二甲双胍是否能降低癌症死亡率。

张三服用一年二甲双胍后去世；李四服用三年后状态还不错；王二和麻子都没有服用二甲双胍，王二因癌症去世，麻子还活得好好的。现在问题来了，如果张三服用三年二甲双胍，是不是能逆转死亡命运？这自然无从得知。如果能，那服用二甲双胍的存活率是100%，而对照组只有50%。如果不能，两组就没有区别，存活率都是50%。这就是所谓的永生偏倚。

因此，回顾性研究只能提供线索作为参考，是驴子是马还得靠临床试验拉出来遛遛。那二甲双胍在临床上的表现如何呢？很可惜，现阶段结果并不统一，部分显示了初步疗效，有些则并没有什么用处。至于其中原因，与癌症类型、临床设计、联用策略等都有关系。

在二甲双胍被证实有抗癌疗效前，千万别贪便宜去当小白鼠尝试，毕竟这个药还是有恶心、腹泻、呕吐等诸多副作用的。

从毒药之王到抗癌良药

砒霜（学名三氧化二砷）成为抗癌药物，哈尔滨医科大学功不可没。1969年，哈尔滨医科大学派遣医生赴黑龙江省林甸县巡回医疗时意外发现，一位曾经放弃治疗的食管癌晚期患者症状莫名有了极大改善。经了解后得知，患者服用了含有砒霜的民间偏方（但此说法有待考证）。

之后，哈尔滨医科大学"药师"韩太云先生制成含有三氧化二砷的混合注射液，后被称为"癌灵1号"。张亭栋、韩太云等先后于1973年、1979年发表文章，进一步明确了三氧化二砷对白血病，尤其是急性早幼粒细胞白血病的疗效。

从中药理念到国际认可的治疗方案，中间必须迈过的考验就是弄清楚药物的作用机制。多位中国科学家齐心协力，不仅逐步确定了三氧化二砷抗癌机理（靶向PML-RARα融合蛋白），也用规范化的临床试验助力三氧化二砷得到国际认可，毕竟其两年生存率达到99%的优秀表现让人不得不服。之后，三氧化二砷作为抗癌药依次在欧盟和美国获批。

中国科学家历经几十年的努力，在现代医学的推进下，成功将砒霜这款用了上千年的老方子进阶成抗癌良药，惠及全世界急性早幼粒细胞白血病患者。

从谈之色变到趋之若鹜

沙利度胺曾经是一个臭名昭著的药物。

早在1957年，沙利度胺在德国上市，获批用于治疗孕妇呕吐。虽然控制呕吐的效果明显，但上万名孕妇服用沙利度胺却意外产下"海豹胎"，即有鳍状肢体的畸形婴儿，着实得不偿失。

1991年，当洛克菲勒大学免疫学家卡普兰（Gilla Kaplan）向美国制药公司新基（Celgene）建议开发沙利度胺时，争议颇大，可以想见，换作谁都会觉得这事一万个不靠谱。但当时新基代表人巴尔(Sol Barer)吃惊归吃惊,听完卡普兰有理有据的陈述后,慢慢转变了看法,决定放手一搏,开发沙利度胺。

卡普兰对沙利度胺的信心从何而来呢?事实上,20世纪60年代,以色列医生就开始尝试用沙利度胺治疗麻风和其他疾病,且效果都不错。尽管意识到沙利度胺的巨大潜力,但卡普兰知道凭一己之力无法完成产业化,必须得有强有力的工业界合作伙伴,于是他瞄准了新基,也成就了和巴尔历史性的会晤。

对开发沙利度胺这一动议,新基很多内部人士和华尔街分析师都持怀疑态度。巴尔顶住各方压力,终于在1998年拿到沙利度胺的获批证书,用于治疗麻风病。然而,该药上市后依旧坎坷不断。为了避免再次出现悲剧,官方对沙利度胺的处方管制非常谨慎,要求医生必须按照严格流程,女性患者在治疗过程中需进行妊娠测试。

此外,各方社会舆论随之而来。沙利度胺受害者协会负责人沃伦(Randolph Warren)发文表示强烈抗议,他公开表示:"我们永远不会接受一个有沙利度胺存在的世界。"加之麻风病在美国几乎绝迹,沙利度胺的前途看上去异常惨淡。

兵来将挡,峰回路转,机智的新基利用"管制严"这把双刃剑将仿制药排挤在外,进而获得议价权。他们鼓励医生超适应证使用沙利度胺治疗癌症患者,不仅得以扩展市场,还收集了临床数据为转型成抗癌药做了铺垫。最终在2006年,沙利度胺获得美国监管部门批准,用于多发性骨髓瘤的治疗。

同时,新基这位好伯乐马不停蹄地继续寻找新一代沙利度胺来取长补短,将来那度胺等推向市场,成为"吸金"大品种。几代沙利度胺加在一起,表现好的时候曾给新基带来100多亿美元的年收益。

老药新用可缩短研发时间,降低成本,减少风险,一方面为退休老药提供了再就业的机会,另一方面也给越过安全性这道坎却倒在疗效这个坑的在研药开辟了新战场。

综观以上老药新用的故事不难发现,大多数来自临床上的"偶然发现"。砒霜和沙利度胺虽取得一定的成功,但其他老药新用的案例总是存在一些受人诟病的短板,如临床样本太小,单独使用疗效不突出,必须与其他药物联用,回顾性研究有偏倚等问题。

伴随新技术的发展,尤其是多通量筛选和多组学研究,为更精准、系统、全面地了解疾病机制奠定了基础,因此老药新用得以逐渐摆脱"运气盲盒"的尴尬处境。

当然,老药新用也不是一点缺点都没有,其中最关键的是专利风险,毕竟老药往往过了专利期,周边专利保护力度有限,很难鼓励制药公司押注在这兴许根本不赚钱的买卖上。因此,政府和公共资源的支持必不可少。比如英国相关机构与大型药企达成协议,说服他们从管道中挑选终止开发的化合物,给学术界公开足够的信息来确定是否可以老药新用。

此外,新一代药物都经过高度优化,选择性要求越来越高,对如此"专一"的药物来说,老药新用出现"意外惊喜"的概率也会有所降低。

抵巇之术

　　战国时期,纵横家的鼻祖鬼谷子曾留下一句富有洞见的名言:"经起秋毫之末,挥之于太山之本。其施外,兆萌牙蘖(niè)之谋,皆由抵巇(xī)。抵巇之隙,为道术用。""巇"字在此处意味着缝隙或细微之处。在鬼谷子看来,世间的一切变化和发展都起始于微不足道的小事,正如秋毫之末能引发动摇泰山那般。因此,他提倡在战略上应从最微小的细节着手,利用"抵巇"之术施展计谋,解决本质问题。鬼谷子的这种思想同样也适用于现代社会,尤其是在医学领域对抗癌症的策略中。在抗癌战略中,"抵巇"的应用表现为早期发现和早期干预。这就像是寻找"秋毫之末",在癌症形成和发展的初期阶段进行诊断和治疗,从而有效阻止其进一步恶化。是时候让各种预防检查措施——早期筛查登场了!

聊了这么多创新的靶向疗法,咱们再回到原点。何为靶向?自然就是要把癌细胞研究透彻,才能有的放矢。拿肺癌患者来说,要设计一套精准的方案,肺癌这个概念太过于笼统,得寻根究底,确定到底是小细胞肺癌还是非小细胞肺癌。如果是非小细胞肺癌,是腺癌、鳞癌,还是罕见的大细胞癌?你看到这些词是不是已经头晕眼花?别着急,这才刚刚开始,基因检测还没上台呢!"标配"起码先得来个"耳朵测试"(*EGFR*、*ALK*、*ROS1*基因检测),也就是检测各种基因突变的具体类型,如果有*EGFR*基因突变,那吉非替尼就可以大展拳脚了。

读者可能会问，这么多检查，是不是有过度医疗的嫌疑？其实癌症归根结底是非常"私人"的，也就是说，每个患者的癌细胞有自己的特性，大包大揽的打法，比如化疗，当然也有它的可取之处，但随着科技的进步，治疗癌症必须走两条路，一个是精准医疗，另一个是早期筛查。防患于未然的道理听起来很简单，实际上却是癌症防治领域艰涩繁难的技术问题，很多患者被确诊时，癌细胞已升级成大怪物，很难对付，"发现就是晚期"，是非常严重的事情。

对抗癌症的抵巇之道

漫威系列电影《黑豹》中的黑豹不仅是一位超级英雄，拥有各种超能力，还拥有用振金制作的所向披靡的铠甲。然而，虚构的故事终究是理想化的，现实则极为残酷。2020年8月，漫威系列电影《黑豹》的男主角、黑豹的扮演者波塞曼（Chadwick Boseman）没有电影中的超能力，因结肠癌去世，年仅43岁。

与其他激进的癌症相比，结肠癌要进修成"杀手"的过程相对缓慢，从良性息肉发展为晚期癌症通常需要十几年。此种类型的肿瘤，如果能在癌细胞野蛮生长并转移到其他器官之前，通过手术将其切除掉，完全可以做到治愈。只可惜，波塞曼确诊结肠癌时已是三期，他和病魔抗争近四年后还是不幸离去。

除结肠癌外，乳腺癌、黑色素瘤、卵巢癌等也都是"慢热"的癌症类型。当癌细胞入驻人体后，它们会担心"水土不服"，先是处于观望的状态，不敢太过嚣张。此时，它们比较好对付，如果我们能及时发现危险并积极采取行动,大概率(90%以上)可压制它们,使其五年内不会肆意蹦跶。但若等到癌细胞隐秘地转移到其他器官,变成敌强我弱的局面,就只有30%甚至更少的幸运儿能在和癌细胞的五年抗战中勉强存活下来。如果等到癌细胞全面占据上风,即便再努力,也难免回天乏术。

对抗癌症的上策无疑是抵巇之道,早一天发现和处理,就多一分活下去的希望。相比而言,治疗只能算是下策,毕竟面对顽固型癌症,现有的治疗方案只能勉强延长几年,甚至几个月的生命,还会给患者造成巨大的身心痛苦。特别是在倡导精准靶向疗法的今天,早发现、早治疗有更特别的意义,可以抢占先机。

既然如此,那如何才能有效实践抵巇之道?

一般地说,发现襁褓中的癌细胞有两种方式:早期筛查和早期诊断。早期筛查是一种公众健康行为,面向的群体是无症状的普罗大众,旨在发现有特定癌症异常的个体。当医生为你开出癌症早期筛查的单子时,你完全不需要紧张,这并不代表你有任何癌症风险的预判。

早期诊断则是针对有癌症早期体征或症状的患者采取的措施,以便在疾病恶化前实施有效干预,把握治疗时机窗口。医生使用这招一般针对两类人群,第一类是患者自己察觉到身体有不可名状的改变,比如乳房出现小硬块或者某颗小痣忽然变了模样。第二类则是有癌症家族史的人群。必须强调的是,并非所有癌症都会"遗传"。"遗传"癌症也只是风险高一点点而已,绝非百分之百可预测。据研究,近亲中有乳腺癌患者的人,其患癌风险比普通人大约增加2倍,有直肠癌家族史的人直肠癌患病风险增加2.24倍,同理,肺癌则增加1.5倍。

因此，即便有癌症家族史，也大可不必过于焦虑，做好早期筛查功课即可。

比较反常识的是，并非所有癌症都应该早期筛查。虽然越早发现，对癌症治疗越有益，但全球只有约三分之一的癌症适合早期筛查。这还得从不同类型的癌细胞的"配速"说起。

癌细胞可简单地分为"雷电型"和"龟爬型"两种类型。"雷电型"速度极快，比如胰腺癌、肺癌等，一旦发现病情就以百米冲刺的速度奔向终点，即使立刻治疗，也往往无力回天；"龟爬型"实至名归，从起跑线开始爬上好几年，可能也才爬了三分之一的路程，留给医生侦查的时间窗口相当长。通过治疗，可进一步放慢其速度，甚至直接将其从赛道揪出来，彻底中断癌细胞的冲刺。"龟爬型"癌细胞有子宫颈癌、部分乳腺癌、结直肠癌、前列腺癌等。

癌症筛查能真正发挥作用，让患者受益的是针对"龟爬型"的癌细胞。

面对形形色色的筛查产品，无论广告如何吹嘘，但凡这两个关键性指标不给力，就是卖狗皮膏药，这两个指标就是敏感性（Sensitivity）和特异性（Specificity）。敏感性指在患有癌症的群体中，发现阳性患者的比例；而特异性是指在未患癌症的人群中，发现阴性患者的比例。

我们用具体场景举个例子。假设有1000人报名参加了某明星代言的知名检测产品A的用户体验测试，其中有100位是癌症患者。检测结果显示：90位癌症患者（真阳性）被成功确诊，而剩余10位癌症患者是漏网之鱼（假阴性）；而另外900位健康的参试者中，只有720位被诊断为健康(真阴性),剩下的180位被误诊为癌症(假阳性)。

用简单的数学公式就可以推算出产品A的敏感性和特异性,计算方法如下:

$$敏感性=真阳性÷(真阳性+假阴性)×100\%=\frac{90}{90+10}×100\%=90\%$$

$$特异性=真阴性÷(真阴性+假阳性)×100\%=\frac{720}{720+180}×100\%=80\%$$

敏感性高就相当于织了一张很密的大网,计划打捞的大鱼基本都能捕获,但如果敏感性高,特异性低,捕捞上来的可能还有刚放养的鱼苗。理想状态自然是敏感性和特异性都能接近100%,但因为技术受限,偶尔需要有所取舍。一般地说,如果漏诊后果严重,应尽量追求高敏感性,但如果误诊对患者心理造成严重影响,还是要把特异性往上调,或者配合其他诊断手段。

癌症筛查没让能患者获益?

科学的生动有趣之处在于,任何一个命题都会引发无止境的辩论。

癌症早期筛查这件事,从逻辑上来说非常容易接受,防微杜渐是全世界人们都能轻易掌握的小智慧。以乳腺癌为例,自从推广早期筛查后,老百姓积极响应,效果也是响当当的,死亡率确实有递减趋势。

来自乳腺癌的数据,看起来强而有力,但部分科学家选择不迷信数字,坚持要透过现象看本质。有一项研究对近九万人的数据进行深入分析,结果发现,美国推行乳房X射线检查后,乳腺癌患者显著增加,但死于乳腺癌的人数却没有显著改变。

我们由此可以推导出一种可能性:新的治疗方案发挥了作用,但也有可能是因为一些并无生命危险的"癌症"患者被"过度诊断",人为地拔高了乳腺癌的发病率。

事实上,"过度诊断"在多种癌症类型中都存在,不过部分癌症类型虽然有过度诊断的嫌疑,但早期筛查获益已得到普遍认可,比如结直肠癌(死亡率降低26%—31%)和宫颈癌(死亡人数减少70%)。

此外,有关前列腺癌的研究更是直接质疑了癌症筛查存在的意义。一项长达13年的随访发现,参加检测前列腺特征指标——前列腺特异性抗原(Prostate Specific Antigen,简称PSA)的群体死亡率为3.7例/万人,而没有做筛查的群体的死亡率为3.4例/万人,统计学上没有显著差异,进一步佐证了采用PSA筛查前列腺癌似乎除了浪费钱,并没有实际效果。另一组大规模研究确实发现了筛查组的死亡率下降了20%。尽管20%听起来很诱人,但深究下来其实获益并没有那么乐观,因为从绝对值来看,两组间的实际死亡率之差仅为0.71‰。也就是说,每筛查1410人,才能减少1例死亡。

如果以生命为代价,我们是否愿意承担1/1410的风险?这或许是面对做不做PSA筛查的终极选择。

当然,过度诊断还有一些衍生后果。假如被过度诊断得了"癌症"的患者,他们能否扛得住这份惊吓?他们能否负担得起因为过度诊断而支付的高额医疗费用?面对两难的境地,我国传统文化提倡"两害相权取其轻",必须慎重考虑。

"一滴血"验癌的传说

癌症筛查可简单分成两类：粗暴型和温和型。

粗暴型筛查又分两种：第一种是用X射线一通扫射，看看哪里有阴影（比如肺癌）、有肿块（比如乳腺癌）；第二种是从消化道的头部或者尾部塞一根安装了摄像头的管子，在身体里东拐西拐地横冲直撞，表演一场刺激的过山车之旅，不打麻醉药一般人都遭不起这茬罪（比如胃镜和肠镜）。当然，现在已有"胶囊消化道镜"这一黑科技，就是在胶囊里安装一台相机，患者吞下去后，胶囊作为观光客，在体内边走边拍，实时直播。但毕竟技术还不够成熟，费用于患者而言也不是那么友好。

温和型筛查则统称"液体活检"，用于发现肿瘤分泌入血液的标志物，比如PSA（用于检测前列腺癌），还有体检单上比较常见的AFP（用于检测肝癌）、CEA（用于检测结直肠癌和乳腺癌）、CA19-9（用于检测消化道癌）、CA125（用于检测卵巢癌）。和第一种粗暴型筛查不同，液体活检时只需拳头一握，小针一扎，鲜血一采，眨眼工夫就完事。因此自从其问世以来，深受临床追捧。

于是，江湖上也就有了"一滴血"的传说。

"一滴血"掌门人霍尔姆斯（Elizabeth Holmes）曾宣称自己已参透"一滴血"独门秘诀，只需从指尖取一滴血，就可以检查出200多项血液指标，并"滴血成金"，成为全世界最年轻的女性亿万富翁。可叹，她的宝座还没坐热，普利策新闻奖获奖记者卡雷鲁（John Carreyrou）

在2018年发表了纪实文学《坏血》(Bad Blood)，揭露了霍尔姆斯匪夷所思的旷世骗局，将其拉下神坛。"一滴血"门派从此销声匿迹。

霍尔姆斯究竟凭借怎样的通天本事，将商场上叱咤风云的华尔街大亨们忽悠得团团转？

霍尔姆斯可以说是含着"金汤匙"出身的。故事还得从19世纪60年代末说起。一位名叫弗莱施曼(Charles Fleischmann)的匈牙利移民从奥地利来到美国，作为酿酒师和酵母制造商的儿子，来到美国后对美利坚面包感到极其失望，究其原因，还是没有足够理想的酵母。弗莱施曼从奥地利捎上一管酵母放在背心口袋里，回到美国，试图以此颠覆美国的面包行业，也追求自己的美国梦。自此，改变美国面包烘焙业的百年老店弗莱施曼诞生，弗莱施曼在第二次世界大战中作为政府指定品牌，为士兵提供面包。弗莱施曼的第三代外曾孙女便是故事的主角，Theranos的创始人霍尔姆斯。

1984年，霍尔姆斯呱呱坠地，华盛顿特区霍尔姆斯世家新添千金。霍尔姆斯的父亲曾担任能源巨头安然(Enron)的副总裁，之后又在美国国际发展组织等政府机构担任要职，因此有机会带着小霍尔姆斯周游世界。当问到长大后的理想时，年仅九岁的小霍尔姆坚定回答："我势必成为一个亿万富翁。"30年后霍尔姆斯千金散尽，在牢狱里想起当年尚且稚嫩的自己信誓旦旦许下的诺言，不知作何感想。

有这样显赫的家庭出身，考上大学对霍尔姆斯来说自然是不在话下。2002年，霍尔姆斯以优异的成绩拿到斯坦福大学的录取通知书，之后因为会说中文，还成功拿下新加坡基因研究院的暑期实习机会。但霍尔姆斯从来不走寻常路，追随着偶像乔布斯的步伐：大学二年级便申请退学，用"省下来"的学费，约十万美元，创办了一家医疗保健技术公司实时治疗（Real-Time Cures），也就是Theranos的前身。兴许是冥冥中注定，当时发给员工的工资支票上，"Real-Time Cures"被误写成Real-Time Curses（实时诅咒），一语成谶。

霍尔姆斯确实是会讲故事的高手。聊到创办实时治疗的初衷，霍尔姆斯表示，自己是如此害怕针头，因此希望发明一种技术，只需要一滴血就可以进行检测。这无疑赢来了投资人和消费者的共鸣。在接下来10年中，害怕针头的霍尔姆斯利用家庭百年积累的社会资本，以及从小训练有素的社交能力，赢得美国政商界精英纷纷为她站台，从前财政部长舒尔茨（George Pratt Shultz）到顶级富豪沃尔顿家族。

霍尔姆斯的"魅力"和她的三寸不烂之舌息息相关。一度因为霍尔姆斯匪夷所思的举动，比如说极其严苛的保密制度以及毫无由来的解雇员工，Theranos的董事会计划解除霍尔姆斯的首席执行官职位，但霍尔姆斯只用了两个小时就说服他们改变主意。霍尔姆斯同时也是一名优秀的"演员"，在公众视野里，她总是身着乔布斯标志性的黑色高领毛衣装扮，还特意切换成低沉的声音来进一步增加语言的可信度。

2015年，31岁的霍尔姆斯迎来了人生的巅峰时刻，被福布斯评选为"全球最年轻的女性亿万富翁"，完美实现儿时理想，Theranos也被评为仅次于特斯拉的"改变世界的创业公司"。霍尔姆斯的出现无疑迎合了公众的渴望：一个女性创业家在男性统治的科技王国里掀起了浪潮。

盛极而衰，霍尔姆斯的巨大成功引起了《华尔街日报》的注意。

在接收到Theranos无针验血诊病系统造假的举报后,记者卡雷鲁开启了秘密调查,访谈了150多名知情人士,所有证据都指向同一个结论:这个商业神话不过是被谎言和欺骗包裹的海市蜃楼。

霍尔姆斯从来都不会服从命运的安排,为自己辩护时花招不断,比如借故预产期和原定开庭日期冲突来要求推迟审判日期,还将责任归于她的前男友巴尔瓦尼(Ramesh Balwani)的长期精神虐待和性虐待,让她无法按照自己的意愿做任何决定,完全受到巴尔瓦尼的蛊惑和摆布。为了博得同情,她还"坦言"当时从斯坦福大学退学是因为不幸遭遇了强奸。

法网恢恢,无论霍尔姆斯如何玩转法律,还是在2023年银铛入狱,开启了她为期11年的刑期。

闹剧一场还是重振门派?

历史总是惊人地相似,2019年,"一滴血"的消息再一次传遍日本。6月,东丽工业株式会社研发出"一滴血"(50微升)检测多种癌症的方法,宣称检测准确率超过95%,保证最早能在2020年获批上市。接下来,东芝公司也公开了一款用微量血液即可检测13种癌症的新仪器,费用低于2万日元(约1000元人民币),检测准确率可达99%。

日本的"一滴血"到底是闹剧一场,还是有希望重振门派呢?

我们首先回顾一下知识点,筛查的两个核心指标敏感性和特异性在公司的官方宣传中并没有提及,而是用一个语焉不详的"准确度"代之。如果报喜不报忧,其中一个达到90%以上,另一个因为成绩不及格而没有公布,那就得打个折扣。

其次,两项研究都是通过发现特殊的微小RNA作为识别癌症的标记。微小RNA确实和癌细胞息息相关,但一滴血里只有非常微量的微小RNA,意味着需要卖力放大检测信号,放大过程中难免会失真出错。更让人迷惑的是,微小RNA的具体信息没有提供,更是无从查证。

当然,"一滴血"层出不穷的可疑事件并不能污名化液体活检。靠谱的液体活检,绝不会草率地用"一滴血"的噱头来吸引消费者,扯虎皮做大旗;同时会提供敏感性和特异性数据,并发表详细数据,虚心接受同行审评,而不是用"准确度"蒙混过关的。

我们举个正面的例子,CancerSEEK液体活检技术首次曝光起点就很高,2018年发表在《科学》杂志上,CancerSEEK可针对八种癌症(注意关键词,不是夸张的"N种癌症",也不是某些广告语里模糊的"多种"字眼),其中位敏感性达70%;部分癌症,比如卵巢癌敏感性高达98%,而特异性也交出了99%的好成绩。要知道,卵巢癌还没有有效的早期诊断方案。

CancerSEEK发明者是约翰斯·霍普金斯大学的"三剑客":沃格尔斯坦(Bert Vogelstein)、金兹勒(Kenneth Kinzler)以及帕帕佐普洛斯(Nickolas Papadopoulos)。颇有商业嗅觉的沃格尔斯坦等在2019年创立了Thrive早期检测公司,很快就拿下高达1.1亿美元的A轮融资。短短一年时间,Thrive就被精准诊断公司的先锋Exact Sciences以21.5亿美元巨额收购。不难看出,如果早期诊断技术过硬,绝对不愁找到"金主爸爸"。

更令人欣慰的是，CancerSEEK的特异性达到99%以上：在针对812位无癌症病史的健康人检测中，仅出现七例"误诊"（假阳性）。需要强调的是，CancerSEEK绝不是天花乱坠的"一滴血"，而是值得信赖的7.5毫升血（略小于一瓶口服液的量）。当然，CancerSEEK的故事还没有结局，它是否能够获批，能否真正走向市场，服务患者，我们还要静观其变。

和CancerSEEK类似的还有Galleri等正在进行临床验证的多癌早期检测产品MCED。Galleri的野心更大，直接针对50多种癌症类型，特异性表现也不错，达到99.5%，而其敏感性，表现则差很多，只有51.5%。值得指出的是，截至2023年7月，还没任何一款多癌早期检测产品得到了官方批准，进入市场，因此实现"一滴血"这个美好的愿景还差临门一脚。

除"一滴血"传说外，各种不靠谱的类似宣传层出不穷，比如"一泡尿测 N 种癌症""一嘴哈喇子测 N 种癌症""一口气测 N 种癌症"等。我们不得不佩服这些脑洞大开、思路清奇的文案，但也应该时刻保持谨慎。若干年后，这些愿望或许都能实现。但现阶段，只要是广告里有" N "这个字眼，我们还是应该留个心眼。

毕竟，" N "可以是包罗万象，也可能是一无所有。

第二部分 /

免疫疗法

- 溶瘤病毒
- CAR-T疗法
- 预防性疫苗
- 个性化疫苗
- mRNA疫苗

　　传统靶向药面临的巨大挑战之一是耐药性,比如吉非替尼,一开始疗效可圈可点,但由于肿瘤出现新基因突变等原因,长期来看并不能应付自如。但格列卫作为靶向药,似乎有点不"合群",而长期服用格列宁,也没有出现耐药性的问题。更值得揣摩的是,很大比例的患者停用格列卫后,癌症也没有复发。格列卫到底为什么这么靠谱呢?

　　进一步研究发现,患者使用格列卫后,肿瘤内部涌来大批"外来人口",再仔细一看,原来是体内的免疫细胞自动跑来助攻了。有了免疫细胞的加持,格列卫越战越勇,药效也发挥得淋漓尽致。虽然格列卫激活免疫系统的原理至今还不是非常清楚,但利用免疫系统来攻击癌细胞,不失为一条锦囊妙计。

　　人体的免疫系统不是用来对付细菌、病毒这些"小玩意"的吗?怎么还和癌细胞"杠"上了呢?回答这个问题之前,我们先来认识一下免疫系统的几员大将以及其特殊使命。

　　第一,"通信兵"——树突状细胞(Dendritic Cell)。树突状细胞因其成熟时伸出树突样而得名,它名气虽大,但树突状细胞一点都不骄傲,还是勤勤恳恳地做好人类的保护天使,无论是清洁体内垃圾(清除凋亡细胞),还是严惩叛逆(对付肿瘤细胞)和抵御外敌(打击细菌和病毒),树突状细胞都一马当先,在前线冲锋陷阵。

树突状细胞的日常工作是这样的:每天早出晚归,忙碌巡逻,当发现细菌、病毒、癌细胞等不法分子时,就会猛扑上去进行搜身,获取重要信息(特异性抗原)后开始战略性分析。等厘清头绪,树突状细胞立马长途跋涉,将敌情告诉免疫系统,然后让免疫系统采取相应措施,对不法分子进行进攻。

第二,"特种兵"——T细胞(T Cell)。孕育在骨髓中的T细胞,注定要肩负重要使命,因此它在"成人礼"之前,会被送去"军校"胸腺接受系统训练。成功毕业后,T细胞虽已锋芒毕露,但还需要积累实战经验。于是便等待树突状细胞的指令,进一步磨练,蜕变成具有超强杀伤力的特种兵。

既然是特种兵,T细胞对群殴没太大兴趣,它们专注于精准作战,严格遵循军令,指哪打哪,对癌细胞从来不手软,来一个灭一个。虽然个人能力强,但聪明的T细胞也明白单打独斗不能解决所有问题,必要时也会分泌细胞因子等信号请求支援,呼唤其他免疫细胞一同作战。

特种兵这么勇猛,会不会杀红了眼?好在T细胞是一个分工明确的集体,它们各司其职,相互合作。细胞毒性T细胞担任主力军的角色,武装到牙齿,真刀真枪地去战斗;相比之下,调节性T细胞等则更为理性,面对血气方刚的细胞毒性T细胞,能及时"劝架",让它的兄弟不要恋战,适可而止。

第三,"装备军"——B细胞(B Cell)。B细胞不同于T细胞,本身没有太强的攻击性,但它有一项特殊技能:病毒入侵身体后,B细胞获得病毒信息,与T细胞进一步商榷后,就开始迅速分裂自己,在短时间内复制出武器工厂,大量生产子弹(也就是我们熟知的抗体)。抗体一出手,基本就是扫荡式的攻击。

第四,"巡警"——自然杀伤细胞(Natural Killer Cell)。除了树突状细胞,还有一位乐于巡逻的就是自然杀伤细胞了。作为机体重要的免疫细胞,自然杀伤细胞被誉为"免疫细胞之王"。与T细胞不同,自然杀伤细胞因为自己没事就出去溜达,所以不需要其他细胞通知,就知道敌人在哪儿,也不需要特殊识别,就能把犯罪分子杀得片甲不留。自然杀伤细胞之所以这么厉害,得益于两把神秘武器,那就是穿孔素和颗粒酶。这两把武器一亮,被攻击的细胞如同被灌了毒酒,只能一命呜呼。

第五,"卫兵"——巨噬细胞(Macrophage)。恰如其名,巨噬细胞是一个"大胃王",可以大嘴一张直接将入侵者吞入"肚子"。面对细菌,巨噬细胞一点都不含糊,首批冲往前线加入战斗,是我们人类忠实的守卫者。但一和癌细胞交锋,巨噬细胞就"剪不断理还乱",各种拎不清。

癌细胞初来乍到时,势单力薄,总得物色一个同盟,于是盯上了巨噬细胞这个"大块头"。经过一番游说,呆萌的巨噬细胞不知为何,就被癌细胞忽悠过去,忘记敌我,助纣为虐。甚至T细胞攻击癌细胞时,它还会英雄救美,挡在癌细胞前面,和自家人说翻脸就翻脸。难怪肿瘤组织中总重量的50%都是巨噬细胞,俨然和癌细胞成了相亲相爱的一家人。

与癌细胞相伴的日子里,夜深人静时,巨噬细胞也会追问自己:我从哪里来,我到底是谁?遥记当年,和兄弟们一起同仇敌忾的岁月还历历在目,如今怎就落得如此田地了。为癌细胞"众叛亲离"真的值得吗?这个时候,巨噬细胞就会慢慢找回自我,试图阻碍癌细胞的疯狂生长。癌细胞哪能容忍这种背叛,发现巨噬细胞些许动摇,马上使出各种撒手锏。于是巨噬细胞好比被唐僧上了紧箍咒,又回归痴情角色,继续死心塌地地留在癌细胞身边。

认识了这些重要的免疫细胞,我们再回过头说说,如何借助免疫系统排兵布阵来对付癌细胞。

癌细胞是由正常细胞"黑化"而来的,和正常细胞大同小异。这个"小异"(肿瘤特异性抗原)给了免疫细胞一展拳脚的空间。免疫系统的职责很明确,就是找到异己,一并歼灭。有了肿瘤特异性抗原这些蛛丝马迹,免疫细胞就可以拎包上班,大展拳脚了。可惜,事情没有这么简单。

癌细胞并不那么好对付。在同免疫细胞的长期侦查与反侦察的斗争中,癌细胞变得愈发狡猾,进化出了各种各样的抵抗手段,竭尽所能,躲过免疫系统的追击。这种情况的学术名称叫免疫逃逸。如果要最大程度地调度好免疫系统,就必须攻克免疫逃逸问题。

聊到免疫逃逸,不得不提免疫疗法领域最受关注的两大"刹车蛋白"(免疫检查点),学名为PD-(L)1和CTLA-4。何谓刹车蛋白?科学家们发现,免疫细胞之所以对癌细胞睁一只眼闭一只眼,无论怎样刺激都不应答,原因就在于癌细胞偷偷安了个刹车片,让专门攻击癌细胞的免疫细胞没法踩油门行动起来。正是因为有了这刹车大法,癌细胞在免疫细胞的眼皮子下怎么晃悠,免疫细胞连眼皮都懒得抬一下。

我们以PD-(L)1这套刹车系统为例展开讲讲。癌细胞手里攥着半个免死金牌(PD-L1),和T细胞碰面时,T细胞拿出另一半(PD-1)。两个半块免死金牌一碰,天衣无缝。T细胞虽然瞅着癌细胞有点鬼鬼祟祟,但这免死金牌都对上号了,错不了,这就是自己人,只能说一声:"您忙着,我先告辞。"于是刹车一踩,直接下班了。

了解癌细胞的套路,见招拆招的方法就来了。在前人研究的基础上,一直关注CTLA-4的艾利森(James Allison)大胆设想,如果发明一种疗法去破坏免疫系统的刹车功能,让癌细胞想踩也无处可踩,是不是就可以让免疫系统重获战斗力去对付癌症? 2011年,CTLA-4抑制剂Yervoy应运而生,被批准用于治疗晚期黑色素瘤,成为首款获批的免疫检查点抑制剂。

但是,潜在问题也随之而来:CTLA-4刹车对维持人体免疫系统正常功能也很重要,如果一刀砍让CTLA-4失灵,患者也会出现免疫相关的副作用,更合理的办法是找到癌细胞专属刹车。

就在艾利森憧憬CTLA-4治疗癌症差不多的同时,日本免疫学家本庶佑发现了PD-1,更值得寻味的是,华人科学家陈列平教授发现癌细胞仗着手握PD-L1,特别能钻空子,专门捣乱PD-1牌刹车让免疫系统罢工。有了这些理论基础,PD-1抑制剂的研发开展得如火如荼。2014年,在Yervoy获批后第三年,PD-1抑制剂欧狄沃(Opdivo)和可瑞达(Keytruda)也正式上市,成为人类抗癌史上浓墨重彩的一笔。

近些年,免疫检查点抑制剂备受瞩目,但也只是免疫疗法的冰山一角。本章将会进一步揭开它神秘的面纱,和大家一览免疫系统和癌细胞间波诡云谲的抗衡角逐。

以毒攻毒

　　以毒攻毒，看似凶险无比，实则柳暗花明，这样的桥段在武侠小说中屡见不鲜。在绝情谷，杨过身中情花剧毒，无药可解。此时，聪明绝顶的黄蓉想到了断肠草。黄蓉推理认为，断肠草是天竺大师临死之际觅得，大师为解情花之毒，想尽办法，最终找到断肠草后含笑而终。万物相生相克，断肠草虽亦有剧毒，但是它长在情花丛中，必是情花的克星。事实证明，黄蓉又一次成功了。杨过在服药断肠草后，肝肠寸断，四肢百骸，尽受荼毒。但尽管如此，情花的毒居然慢慢消解了。在癌症治疗领域，科学家们正积极探索"以毒攻毒"的策略，其中一个典型的例子就是溶瘤病毒疗法。这种疗法的原理与黄蓉使用断肠草解情花毒的故事颇有相似之处——运用一种有害的因素来对抗另一种伤害。

以毒攻毒看似和阴狠的招数,但是在对抗顽疾的历史上,特别是对抗癌症这种大魔头上,往往能发挥奇效。如果没有100年来那些"疯狂"的医生用细菌抗癌、用病毒"吃掉"肿瘤细胞,我们今天也许就不能更好地理解肿瘤与免疫系统之间的微妙关系。

今天的故事,我们从一则神奇的新闻开始。

2021年1月2日,英国医生塔克(David Tucker)报道了一则重磅"奇闻":一位恶性淋巴瘤患者感染新型冠状病毒后,肿瘤居然吓破了"胆",自觉"隔离"了起来。

这位男性患者时年61岁,他实在命运多舛。先是被诊断出严重的肾病,好不容易做个肾移植手术也以失败告终。2020年,他因为淋巴结肿大再次入院,不料又被查出晚期淋巴瘤。真是麻绳专挑细处断,他刚被诊断出淋巴瘤不久,可恶的新冠病毒又落井下石,将魔爪伸向了这位可怜的男人。

正所谓,福祸相依,世事难料。四个月后,该患者回医院复查,医生惊奇地发现,患者的淋巴癌细胞居然悄然间上演了一出大戏,"轻轻地,我走了,正如我轻轻地来"!

这种爆炸性案例,自然引起了医生们的广泛讨论。各种头脑风暴后,医生们得出了一个大胆的猜想:难道是新冠病毒"干掉"了淋巴癌细胞? 如果真是如此,那不得不感慨,"恶人自有恶人磨"啊!

用病毒"干掉"癌细胞，这个思路早已有之。"肿瘤免疫疗法之父"科利（William Coley），用他的一生在实践这一疯狂的思想。

从"旁门左道"到跨时代之举

科利是19世纪末纽约的一名外科医生。在事业刚起步时，科利给一位名为达希尔的患者进行了截肢手术。达希尔可是大名鼎鼎的小洛克菲勒的绯闻女友。但不到一年，达希尔还是没能抵抗肉瘤的侵袭，不幸去世。

达希尔死后，科利为自己的无能感到愤怒，并将愤怒转化为力量，废寝忘食地翻阅文献，寻找新的抗癌方法。铁杵磨针，科利总算找到一丝曙光。一位叫斯坦的肉瘤患者，在手术过程中感染了丹毒。丹毒是由链球菌引起的感染，当时抗生素尚未问世，斯坦只能硬扛。就在斯坦与病毒进行顽强的厮斗时，其脖子上的肉瘤竟也随之缩小了。

观察到这一现象，科利异常兴奋，更加积极地查阅文献。功不唐捐，科利又找到47起类似病例，因此，这并不是一个巧合！于是，科利脑洞大开，他大胆猜测，细菌可能会分泌一种毒素，可以"以毒攻毒"，毒死癌细胞。

在这一思路的引导下，科利开始提炼他脑海中的"科利毒素"。一开始，科利提炼的是链球菌液。这里我们需要补充的一点是，100多年前，还没有临床监管的概念，只要患者愿意当"小白鼠"，医生都可以自由试验，实践自己的想法。

1891年，科利迎来了他的第一只"小白鼠"：35岁的意大利"瘾君子"佐拉。佐拉的脖子上长了一个大肿瘤,他没法吃东西,肿瘤的位置也没法实施手术,临床上基本等于宣判了佐拉的死刑。科利死马当作活马医,前后给佐拉注射了几十针丹毒针剂。紧接着,佐拉因感染发热至41℃,但好消息是,他的肿瘤开始减小,两个星期后,偌大的肿瘤居然只剩下了一道伤疤。

科利喜不自胜,乘胜追击,陆续用同一个方法治疗了十位患者。奇怪的是,患者的反应并不一致。有的患者压根就不发热,有的即使发热了,肿瘤也没有变化,更有的患者直接因为感染致死,成了医疗事故。

但这些挫折显然没有阻挡科利的步伐,他又开始研究新的配方。科利使出"洪荒之力",开发升级版的"科利毒素",用两种灭活菌(化脓性链球菌和黏质沙雷菌)取代了原本的链球菌。

前前后后,"科利毒素"治疗了近1000人,疗效极不稳定。由于科利本人也无法从原理上解释"科利毒素"为何对肿瘤有效,因此"科利毒素"一直没有被医学术界接纳,甚至被认为是旁门左道。科利提出的概念实在太过超前,直到1936年去世,科利的贡献也无法得到医学界的认可。之后,恰逢放疗和化疗技术的兴起,"科利毒素"慢慢被遗忘在历史的角落。

如果故事就此结束,医学界必然要失去向一位先驱致敬的机会。幸好世界上还有一个人并没有忘记科利。这就是他的女儿——海伦(Helen Coley Nauts)。

科利去世后,海伦穷尽一生,系统地追踪了父亲与患者的报告。在她发表的18篇专著里,确定了500多位被她父亲治愈的病例,成功为父亲正名。1953年,在海伦的号召下,美国成立了癌症研究所,以纪念科利并推动肿瘤免疫疗法的发展。

今天,癌症免疫疗法如众星捧月,走进公众的视野。癌症免疫疗法的最高荣誉奖项也被命名为"威廉·科利奖",以纪念这位"癌症免疫疗法之父"。2018年,两名肿瘤免疫领域的学者艾利森和本庶佑获得诺贝尔生理或医学奖。

溶瘤病毒的百年探索

当科利正孜孜不倦地捣鼓他的"科利毒素"时,1904年,密歇根大学的德克(Georgy Dock)也发表了一个有趣的报道:一位42岁的白血病女性患者感染流感病毒后,白血病症状有明显的改善。1912年,大西洋彼岸的意大利医生发现,注射狂犬病疫苗可导致子宫颈癌消退。

看来癌细胞真的是众矢之的,细菌看它不顺眼,病毒也伺机向其发起进攻。这些层出不穷的案例给了医生们灵感,医生开始探索用病毒治疗癌症的可能性,同时孕育出溶瘤病毒的概念。从字面上来讲,溶瘤病毒就是可以把肿瘤给"溶"了的病毒,其实是病毒启动了人体的免疫功能。

溶瘤病毒的第一波热潮在1950—1970年,当时,临床试验规范尚处于慢慢建立的阶段,医生们都是摸着石头过河。面对病急乱投医的焦虑患者,医生往往简单粗暴地将被病毒感染的患者血清直接打进癌症患者体内,结果可想而之,这么做根本没有办法控制病毒的发展,有些患者直接因感染而一命呜呼。

同时期,斯隆·凯特琳纪念中心的摩尔(Alice Moore)成为第一位将溶瘤病毒概念应用于动物模型的科学家,也通过连续病毒传代实验得到了更高功力的病毒菌株,将溶瘤病毒研究推进到更科学、安全的方向,也为基因改造溶瘤病毒做好了铺垫。

摩尔曾经尝试不同种类的病毒,比如流感病毒、牛痘病毒、疱疹病毒(就是吃火锅后嘴巴长疱的主要"元凶")等,也发表了无数研究论文,并摇旗呐喊,带动了一批人参与到溶瘤病毒的研究中。可惜理想和现实之间隔了一个巨大的技术沟壑,临床结果还是不理想。

摩尔的同事索瑟姆(Chester Southam)也是溶瘤病毒的先驱之一。因为太过痴迷于研究免疫系统和癌症之间的关系,竟疯狂地将海拉癌细胞(Hela Cell)注射到65名健康犯人体内,试图观察犯人是否能够依靠自身免疫力战胜癌细胞,之后又秘密开展了更大规模的"临床试验"。事件被揭露后引起了轩然大波,也成为必学的科学伦理反面教材。

早期理智和非理智探索后,溶瘤病毒总算在20世纪80年代迎来了新的曙光:转基因技术的来临。也就是说,再也不用大海捞针般苦苦寻找更好的溶瘤病毒,可以直接改造已有病毒了。

相对于野生病毒,转基因病毒可以人为地去掉毒性基因,让它更安全,也可以在病毒表面加上特殊蛋白去识别癌细胞或者刺激免疫反应。

从1991年第一个转基因溶瘤病毒被报道后,全世界各路科学家八仙过海,各显神通。在溶瘤病毒的赛道上抢到先机的,居然是一个名不见经传的国家——拉脱维亚。

早在2004年,拉脱维亚政府就批准了全球首个溶瘤病毒药物RIGVIR,用于治疗黑色素瘤。第二年,改良的腺病毒H101也在中国获批,虽然临床上没有特殊表现,但其安全性还不错。

直到2015年10月,谨慎的美国才批准了第一个溶瘤病毒药物T-VEC,这标志着溶瘤病毒已经雄赳赳、气昂昂迈入成熟阶段。

"以毒攻毒"的升级武装

其实不管是细菌也好,病毒也好,倒也不是因为它们是人类的朋友,要路见不平拔刀相助。之所以能为我辈所用,完全是癌细胞贪婪成性的结果。

这又该从何说起? 当病毒等侵入人体时,最开始是乱打一气,逮着细胞,管它是谁,都赶紧钻进去。但正常细胞比较警觉,病毒偷摸进来后,它浑身上下不得劲,就启动"找病毒"游戏,找到后再打通任督二脉,阻止病毒捣乱。若是碰到顽固分子,哪怕牺牲自己(细胞自身凋亡),也万万不会让病毒疯狂繁殖。自我牺牲后,正常细胞还不忘产生细胞因子,提醒周围免疫细胞:赶紧过来,撸起袖子,加班干活。

但癌细胞可不一样,因为一门心思忙着"吃吃吃,繁殖繁殖繁殖",其他的能省则省,所以没安装最给力的对付外来病毒的杀毒软件,这下可给了病毒乘虚而入的机会:有此等祥和之地,还不赶紧结伴而来。所以,相比起难搞的正常细胞,病毒视癌细胞为沃土。

病毒进入癌细胞以后,便开始大量复制繁殖,时之久矣,硬是活生生像吹气球一样"挤爆"癌细胞(细胞裂解),其子子孙孙又进一步感染周围癌细胞。除此之外,垂死挣扎的细胞会释放出一些物质,如肿瘤抗原等,让免疫系统发现本隐藏很深的癌细胞,并启动抗肿瘤免疫行动。

历史这面镜子已经告诉我们,"以毒攻毒"是一招险棋。从科学角度来看,又该如何将"以毒攻毒"玩转得炉火纯青呢?

第一,要送病毒战士们安全到达战场,这期间着实障碍重重:当溶瘤病毒进入人体后,不到几分钟,主力就被肝脏给收了,只有逃逸成功,才能进入循环系统这条护城河。

护城河里常年安插着免疫细胞,它们披星戴月地巡逻。免疫细胞大家也都清楚,就认死理,不管是"病毒战士"还是"病毒杀手",只要是病毒,就铁面无私地一律"干掉"。经过这一番折腾,病毒战士还得翻山越岭,跨过肿瘤周围的层层屏障,见缝插针地挤进去,才能最终抵达癌细胞的内部。

实在不愿看到溶瘤病毒如此疲惫周转,科学家们决定干脆直接将病毒注射到肿瘤内,比如2015年美国获批的药物T-VEC。虽然这样可以最大程度上护送病毒抵达肿瘤内部,但如果肿瘤位置藏得比较深,就需要介入成像或者手术暴露等方法定位,给本已虚弱的患者增添额外的痛苦。

所以兜兜转转,病毒战士要闯过九九八十一关还得靠自己,人类能做的就是给它设计一些高端铠甲。比如生物技术公司Oncorus,就将溶瘤病毒包裹在脂质纳米粒中,保驾护航,顺利让病毒躲过免疫系统的追踪。

除此之外，病毒是一把双刃剑，用得不好，患者会有生命危险。好在科学家不会重蹈覆辙，不会直接将野生病毒注入患者体内，并且想方设法地给病毒上一个双重保险。最常见的就是卸载对正常组织有毒的基因武装，比如 T-VEC 就是敲除 $HSV-1$ 的 $\gamma34.5$ 基因。$\gamma34.5$ 基因是病毒逃逸正常细胞的秘密武器，敲除后很难在正常细胞中复制，这样就兼顾了安全性。

第二，就是安装一个安全阀门。比如给负责腺病毒复制的主管 E1A 加一个 E2F-1 启动子。E1A 主管只有在接受 E2F-1"批文"后，才会启动工作。包括膀胱癌在内的癌细胞刚好就有批文权限，但正常细胞没有，所以病毒便被控制在癌细胞中进行复制。

我国早在 16 世纪的明朝隆庆时期便有种痘的记载，一直到了 18 世纪末，英国医生詹纳（Edward Jenner）偶然间发现了挤奶工几乎不得天花，才诞生了研发牛痘接种术的灵感，之后正式推广天花疫苗。溶瘤病毒等"以毒攻毒"的概念也是实践先行，之后才摸索出科学理论，最后达成知行合一，这和彼时技术的局限性息息相关。至于新型冠状病毒是否也能成为溶瘤病毒的候选者，我们还是好好享受现代科技，先"知"再"行"为妙。

第 ⑩ 计

借刀杀人

在儿童心理学的研究中，有个著名的道德两难问题，叫海因茨偷药。这个问题由美国知名心理学家科尔伯格（Lawrence Kohlberg）提出，用以测试儿童的道德认知发展水平。故事是这样的：海因茨的妻子得了重病，生命垂危。城里有一位医生，他的药可以治疗海因茨妻子的病，但价格昂贵。海因茨没钱，但又想救妻子的命。他反复向那位医生哀求，医生都不肯赠药。海因茨无奈，只能以身犯险，设法偷药。海因茨做得对吗？为什么呢？这是一个道德困境，没有明确的是非之分，随着年龄的增长，孩子看待事情的角度会更全面，问题的最终答案，会指向讨论生命本身的价值。在癌症领域，"天价药"一直是舆论的焦点。今天我们就聊聊CAR-T这款走入寻常百姓视野的"天价药"。

在癌症治疗领域,任何一款"天价药",背后都是无数家庭的希望与挣扎。如今,即使你对癌症领域不了解,或许也听过一款标价120万元人民币的抗癌疗法——CAR-T。关于它的讨论,特别是价格的讨论,从未停止。

在讨论价格之前,我们先来研究一下CAR-T究竟是什么,120万元人民币的天价究竟是漫天要价还是事出有因。

区别于传统药物,现有的CAR-T是完全个人定制化的活细胞药品,其核心战斗力来自患者自身的免疫细胞中的特种兵——T细胞。简单地说,CAR-T技术先通过白细胞分离术收集患者T细胞,然后在体外对T细胞进行工程改造,也就是给T细胞安个"车头"——嵌合抗原受体(Chimeric Antigen Receptor,简称CAR)。这"车头"可不简单,不仅有自带导航仪,可以精准护送T细胞抵达癌细胞活动地带,还有共刺激信号这个超大马力给T细胞摇旗助威,这样"超级战士"CAR-T就诞生了。

"超级战士"单枪匹马还是比不上团队作战更有胜算。因此,科学家们又捣鼓出了体外扩增的方法,一生二,二生四……这样CAR-T大部队就蓄势待发,被一并派遣到患者体内进行抗癌行动。

2017年,全球第一款CAR-T成功上市,并拿出了激动人心的成绩单:无药可医的63位B细胞急性淋巴细胞白血病儿童患者接受

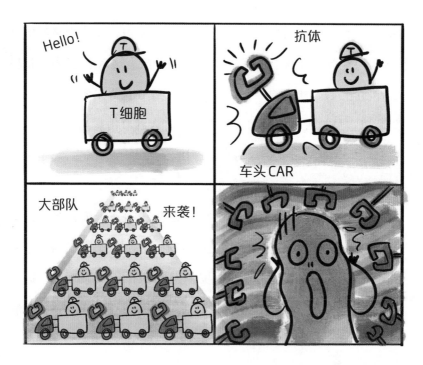

Kymriah（一种CAR-T疗法）治疗后，三个月内的总缓解率为83%。短短四年之后，中国迎头赶上，2021年已有两款CAR-T上市，分别是复星凯特的阿基仑赛注射液（商品名奕凯达）和药明巨诺的瑞基奥仑赛注射液（商品名倍诺达）。今天，CAR-T已被赋予"神药"光环，仿佛治疗癌症有了CAR-T这匹黑马，已所向披靡。在一波又一波的吹捧下，CAR-T已成为癌症患者及其家属"最后的希望"。

第67号患者

CAR-T疗法似乎一夜之间就取得成功，但其从诞生到进入公众视野，历经近30年。奋斗在CAR-T领域年岁最长的先锋便是罗森伯格（Steven Rosenberg）。

1940年，罗森伯格出生在一个犹太移民家庭。罗森伯格的父母历经险阻从波兰逃到了纽约，但其他亲戚并没有这么幸运，罗森伯格父亲九个兄弟姐妹中的六个，都被杀害。"我在世界上看到了太多邪恶，所以很早就决定做帮助人而不是伤害人的事情。当我五岁放弃牛仔梦时，我就知道我想成为一名医生，不仅是一名医生，还是一名医学研究人员。"罗森伯格回忆道。

1968年的一天，驻院实习的罗森伯格遇到一个极其罕见的病例：一个黑色素瘤患者在没有接受任何额外治疗的情况下，身体自发清除了黑色素瘤。虽然肿瘤自愈案例在历史上也有过记载，但眼见为实，罗森伯格深受触动。仿佛受到命运的指引，罗森伯格从此与肿瘤免疫结下一生的缘分。

当时罗森伯格猜测，患者血液中有某种能够抵抗癌症的因子，刚好医院来了一位同病相怜的患者，血型也和自发缓解患者相同，因此罗森伯格开始了第一次尝试：将自发缓解患者的血液输入到新患者的体内。

然而，奇迹并没有发生，接受输血的患者病情发展很快，不久便去世了。尽管没能获得成功，罗森伯格的研究热情并没有消退，"有些东西开始在我心中燃烧，"罗森伯格后来写道，"并且从未消失。"

20世纪70年代，免疫细胞因子白介素-2(Interleukin-2，简称IL-2)的研究成果公布。受到IL-2刺激T细胞增殖的启发，1976年，罗森伯格开始了IL-2免疫疗法治疗癌症的尝试，迎来的却是一次次失败。更糟糕的是，IL-2的毒性很大，有些患者接受治疗后直接被送至重症病房了。

失败66次后，1984年，罗森伯格遇到了改变彼此命运的第67号患者——泰勒（Linda Taylor），一位患有黑色素瘤的海军军官。

泰勒成为被罗森伯格第一个成功治愈的患者。这次成功，对泰勒而言是重生，对罗森伯格来说，进一步坚定了他对肿瘤免疫疗法的信心。自此，罗森伯格以及IL-2免疫疗法登上各大新闻的头条。

紧接着的第二年（1985年），罗森伯格迎来了自己不折不扣的幸运年。当年7月，罗森伯格从时任美国总统里根的大肠中取出七厘米长的息肉，引发媒体关注。12月，罗森伯格在《新英格兰医学杂志》发表了自己20年来IL-2免疫疗法的成果。之后IL-2免疫疗法在1992年成为首个获批的免疫疗法，甚至在几十年后的今天，IL-2免疫疗法地位仍然不容忽视，新一代IL-2免疫疗法层出不穷，试图改进毒性等短板。

罗森伯格证实IL-2可通过刺激T细胞对付癌细胞后，又开始寻找能识别癌细胞的特殊T细胞——肿瘤浸润T细胞（Tumor Infiltrating T lymphocytes, 简称TIL）。

同一时期，埃沙尔（Zelig Eshha）发现T细胞受体（T cell receptor，简称TCR）结构和抗体有很多类似的地方，于是灵机一动：如果将TCR和抗体相似区域互换，是不是可以将抗体的抗原特异性转移到T细胞上？不得不感叹，生命好比运筹帷幄的设计师，留下了各种或明或暗的线索等待人类去破解。1989年，CAR雏形得以公布于世，征途正式开启。有了CAR，下一步就是将它导入T细胞。在这个过程中，埃沙尔遇到了瓶颈。

幸运的是，罗森伯格实验室在研究TIL时，积累了给T细胞导入外部基因的经验；而罗森伯格也意识到，CAR会给肿瘤治疗带来颠覆性变化。20世纪90年代初,罗森伯格邀请埃沙尔作为访问学者来自己实验室进行研究和交流,他们如双剑合璧,积极推进CAR-T在人体临床的应用。

当然,埃沙尔设计的CAR与现在的CAR大相径庭,并没有加入能给T细胞"打鸡血"的共刺激信号,相当于将一批没有活力的T细胞送去了战场,因此临床疗效并没有很理想。之后CAR-T又经过二代、三代的演化,才慢慢形成今天所广泛应用的CAR。

事实上,突破性技术的发展从来都不是一个人可以成就的神话。

20世纪90年代,在罗森伯格实验室所在街道的另一侧,海军医学研究所的朱恩(Carl June)同样也在研究CAR-T。朱恩和CAR-T的相遇浪漫而又悲情。

朱恩最早涉猎的领域是处理核辐射对人体造成的伤害。战争结束后,军事需求不再那么重要,朱恩便将研究方向转移到艾滋病病毒。

天意弄人,1996年,朱恩的第一任妻子辛迪罹患卵巢癌。五年后,经过各种尝试,朱恩的妻子未能逃离卵巢癌的魔爪,不幸去世。妻子的离世让朱恩化悲痛为力量,开始了癌症药物开发的漫漫征途,以及和CAR-T数十年的结缘。

21世纪初,CAR-T这个概念太过超前,可想而知,拿到资金支持可谓难上加难。用患者自己的T细胞去治疗癌症,简直就是天方夜谭,什么样的冤大头才会出资参与这场豪赌。频频碰壁后,癌症基因治疗联盟终于雪中送炭,给朱恩团队提供了100万美元的资助。有了这笔不菲的基金,朱恩团队撸起袖子赶紧干活,之后又获得美国国立癌症研究所的资助,总算守得云开见月明,不再为钱犯愁。

之后的故事更广为人知：2012年，朱恩团队通过CAR-T拯救了名为怀特黑德（Emily Whitehead）的女孩，之后又促成第一款CAR-T免疫疗法Kymriah成功上市。回忆过往，朱恩不禁感叹：如果怀特黑德，那个差点被白血病夺去生命的女孩，没有在CAR-T的治疗下重获新生，那么CAR-T或许也会随着怀特黑德一并消逝。不得不说，怀特黑德和CAR-T互相成就了彼此。

中国制造的CAR-T传奇

回顾生物技术发展近代史，欧美在前沿技术上依旧领先，但就CAR-T而言，中国科学家后来者居上。就2023年的临床注册数据来看，中国遥遥领先，占全球CAR-T临床试验总数的55.3%，位居第二的美国只有26.9%，其他国家更是难以望其项背，占比只有个位数。

CAR-T在血液瘤领域有碾压性的优势，而在占比超90%以上的实体瘤领域，则举步艰难。其中一个原因就是血液瘤细胞队伍整齐，靶点单一，比如第一款获批的CAR-T产品Kymriah针对的是CD19这个高表达于B细胞白血病和淋巴瘤的靶点。但实体瘤就不同，很难找到类似CD19这种高表达且同质的靶点，并且实体瘤形成坚实的团状物，形成天然物理屏障，还创造了包含各种免疫抑制细胞的对CAR-T极其不友好的微环境，对CAR-T各种刁难。因此，当下验证CAR-T技术平台的一个黄金标准就看它能不能在实体瘤领域大显神通。

在实体瘤领域，位于上海张江科技园区的科济生物一马当先，其针对胃癌/食管胃结合部腺癌的CT041成为全球第一个进入临床Ⅱ期的实体瘤CAR-T产品。CT041是一款针对CLDN18.2的CAR-T产品,鉴于CLDN18.2在胃癌细胞中的表达高达60%—80%,因此备受追捧。在2022年美国临床肿瘤学会的年会上,CT041可谓大放异彩:在至少二线治疗失败的晚期胃癌/食管胃结合部腺癌的14位患者中,有8位达到部分缓解,总缓解率为57.1%。57.1%是什么概念呢?我们参考几个历史数据:在胃癌至少二线治疗失败的患者中,化疗药物的总缓解率为4%—8%,PD-1单抗表现稍微好一些,但仅为11.2%。真是"没有比较,就没有伤害"!

聊完实体瘤,再回过头来看看CAR-T针对的"经典款"血液瘤,这就不得不提提中国企业引以为豪的B细胞成熟抗原(B Cell Maturation Antigen,简称BCMA)靶向CAR-T。BCMA是极其重要的癌细胞生物标志物,因其在多发性骨髓瘤细胞卓越的表达量(80%—100%)脱颖而出,成为多发性骨髓瘤和其他恶性血液瘤的热门靶点。

这个靶点"火"到什么程度?几乎所有熟知的疗法都试图分一杯羹,比如双抗、ADC以及CAR-T。CAR-T虽然贵,却是迄今为止表现最为突出的。作为首发,百时美施贵宝(Bristol Myers Squibb)的BCMA靶向CAR-T疗法Abecma用于治疗既往接受过四种或更多种疗法的复发性/难治性多发性骨髓瘤患者,总缓解率直接狂飙到72%。面对这么高的门槛,后来者压力不少,然而后生可畏,传奇生物开发的Carvykti,因为其总缓解率高达97.9%,成功晋升为全球第二款获批的*BCMA*靶向CAR-T。

传奇背后的传奇故事

传奇生物的传奇故事背后有一个不可或缺的人物,他就是加拿大归国人员、免疫学家范晓虎教授。

21世纪初,当全球学术界对免疫疗法还处在有限的认知阶段时,范晓虎教授就开始对其产生浓厚的兴趣。作为传奇生物的联合创始人及首席科学官,范晓虎教授带领刚组建的研发团队仅用一年时间就全球首创发明了采用纳米抗体设计的多靶点的CAR-T平台专利技术,并且第一个应用于开发 *BCMA* 靶点CAR-T技术,在探索性临床研究中治疗多发性骨髓瘤取得了100%有效率的惊人疗效。

2016年,范晓虎教授萌生了一个大胆的念头:既然Carvykti在中国的临床数据不错,为何不把临床也做到美国去?要知道,当时的传奇生物只不过是坐落在南京医药谷名不见经传的、十来人研发团队的"小作坊",连公司官方网站还没有,传奇唯一的投资者也是其母公司金斯瑞营收也刚刚超过一亿美元,净利润只有2600万美元,而在美国通过临床试验的成本高达十亿美元。

路都没走稳就想跑?可想而知,这个超前的想法并没有第一时间得到集团的支持。

为了拿出更有说服力的理由,范晓虎等人开启了美国之行,把新泽西州和附近几个州跑了个遍,寻找经济实惠又有质量保障的合同加工外包机构,最终总算凭借漂亮的临床试验数据得到一家非营利外包机构的支持,跨出了出海的第一步。

与此同时,科学家出身的范晓虎却深谙商务之道,明白要成功得两条腿走路,一方面做好内部研发,另一方面走向世界需要依靠外部合作伙伴的支持。2017年美国临床肿瘤学会的年会上,传奇生物这批黑马横空出世,带着"35例复发或耐药患者,100%总缓解率"的临床试验数据,高调出现在会场,当场惊艳四座,被全球媒体报道。传奇生物首次在国际舞台上亮相便成功吸引了强生(Johnson & Johnson)等大药企的注意力。为了不错失良机,强生甚至动用全球资源来评估传奇生物的项目,慧眼识珠,强生向传奇生物支付了3.5亿美元的预付款和十几亿美元的里程碑付款换取了和传奇生物共同开发Carvykti全球市场的权益。2023年,Carvykti已经为强生创造了5亿美元的创收,成为重要的业绩增长驱动之一。

从美国临床肿瘤学会的一鸣惊人,到公司纳斯达克上市,再到产品全球获批,传奇生物已成为中国医药创新的代表。在机遇和挑战并存的浪潮中,最终优者胜出,站稳脚跟。传奇生物还将继续谱写什么样的传奇,拭目以待。

高价之下路在何方?

2021年11月12日,根据国家医疗保障局消息,备受关注的价值标价120万元人民币的CAR-T免疫疗法产品虽通过初步审查,但并未能进入谈判环节,由此引发了激烈讨论——有关天价,有关医保,也有关生命的价格。CAT-T免疫疗法没能顺利进入医保,面对难以承受的百万级标价,很多患者和家属似乎又眼巴巴地没了出路。国家医保希望落空,那商业医保能否承保呢?以首个纳入CAR-T免疫疗法的城市普惠险长沙惠民保为例,患者接受CAR-T免疫疗法治疗后最高可报销50万元人民币。而国家统计局数据显示,2020年,中国居民人均可支配收入为32189元人民币。可见对大部分家庭来说,即使有商业保险,也很难负担CAR-T免疫疗法产生的费用。

事实上,CAR-T免疫疗法并不只是在中国才贵。全球首款CAR-T免疫疗法Kymriah上市后,首发定价为47.5万美元(折合308万元人民币)。伴随更多CAR-T进入市场,理论上,竞争之下必有降价,然而CAR-T免疫疗法却不走寻常路,国外新晋CAR-T免疫疗法也还是在40万美元左右浮动,相当于250万元人民币。

CAR-T免疫疗法到底为什么这么贵呢?难就难在整个治疗过程异常复杂,从医院单采到回输,总共需要几百个步骤,光是质检程序都得经过100余道,相当于给每个患者配置了一条昂贵的高配版生产线。举个例子,比如一套细胞制备设备大概300万元人民币,而细胞培养周期在10—14天,也就是说,一台价值300万元人民币的仪器,一个月只能为两位患者服务。

撇开高昂研发成本不说,光每个患者走这么一套复杂的流程就不便宜。如果为了控制成本,操作不规范,偷工减料,这可是要人命的操作,后果不堪设想。既然短期内降低成本并不容易,成本决定价格,可想而知,价格也没有太多降低空间。

事实上,即使定价这么贵,从经济效益角度来讲,CAR-T免疫疗法可能只是"赔钱赚吆喝"。价格因素限制了放量,Kymriah和奕凯达2020年销售额都在5亿美元左右。要知道,2017年吉利德收购复星凯特时,可是花了119亿美金,当时复星凯特最重磅的产品就是同年获批的奕凯达。

中国国产的CAR-T免疫疗法销售数据暂时未公布。对价格更为敏感的中国患者来说,百万级药能产生的市场和社会价值都非常有限。此外,国内企业CAR-T关键原材料和辅料目前还依赖从国外进口。受限于高额成本,企业想走以价换量这条路也走不通。因此,CAR-T免疫疗法解决可及性,是患者和企业共同面对的挑战。

回顾完CAR-T免疫疗法的发展史,展望未来,高成本这个棘手的问题到底能不能解决?这就不得不提到通用型CAR-T(Off-the-Shelf CAR-T),从字面翻译,就是可以从"货架"上直接购买的药物。

现有CAR-T免疫疗法贵就贵在属于私人定制,无法实现大批量制备。此外,对危在旦夕的癌症患者来说,必须和死神争分夺秒,而CAR-T免疫疗法周期却很长,以Kymriah为例,整个过程需要大概22天,对于病危患者来说,远药解不了近危。

针对CAR-T免疫疗法高价问题,当下的流行方式是使用通用型CAR-T免疫疗法。通用型CAR-T免疫疗法是将健康供体的T细胞,通过基因编辑手段,使其失去攻击宿主的能力,规避移植物抗宿主反应,因此能通用于所有患者的技术。和传统CAR-T免疫疗法比较,通用型CAR-T大大简化了CAR-T细胞生产的周期和成本,还能实现大规模工业化生产以及标准化的质量控制,保证了不同批次产品之间质量的稳定和均一。更妙的是,健康个体提供的T细胞和严重癌症患者的T细胞相比,战斗力更强。

那通用型CAR-T免疫疗法成绩如何?从2021年4月公布的数

据来看,通用型CAR-T免疫疗法ALLO-501治疗B细胞淋巴瘤患者,可达到50%的完全缓解率。横向比较,传统CAR-T免疫疗法中,Kymriah的完全缓解率是74%,奕凯达是58%。

遗憾的是,2021年10月7日,ALLO-501的升级版本ALLO-501A遭遇滑铁卢,一名接受治疗的患者出现了细胞染色体异常,随后美国暂停其所有临床试验。虽然基因编辑是否与染色体异常有关,还不能盖棺定论,有待进一步检测,但市场一如既往的敏感脆弱。消息公布当天,通用型CAR-T治疗公司和基因编辑治疗公司股价大跌。好在美国在几个月的调查后,否定了这一猜测,于2022年1月又给ALLO-501A重开绿灯,临床试验继续。2023年最新结果显示,其完全缓解率达到了58%,比肩奕凯达。如果一切顺利,ALLO-501A有望成为第一个上市的通用型CAR-T免疫疗法的代表。

如果将通用型CAR-T免疫疗法比作运动员的话,其百米冲刺还行,就是有一个短板,长跑容易掉链子。比如,另外一款备受瞩目的通用型CAR-T免疫疗法候选者CB-010,在2022年欧洲血液学大会的年会上,炫耀了其100%完全缓解率的好成绩。可仔细一看颇有问题:后续研究中,六名患者中有三名在六个月之内就复发了。

当然,已经商业化成功的个体化CAR-T免疫疗法的毒副作用也不容忽视。毕竟CAR-T是活药物,刺激之下可进行指数级的扩增,而CAR-T在攻击癌细胞的同时会释放细胞因子募集更多免疫细胞。如果CAR-T细胞进攻过于迅速,就有可能引发致命的细胞因子释放风暴。因此,2022年1月26日,中国国家药品监督管理局药品审评中心发布了《嵌合抗原受体T细胞(CAR-T)治疗产品申报上市临床风险管理计划技术指导原则》，强调CAR-T免疫疗法可能导致细胞因子释放综合征等一系列不良反应。

好在目前来看，细胞因子释放风暴一般是可控的，医生可通过IL-6受体抗体和类固醇来缓解。第四代CAR-T免疫疗法也在探索不同安全策略进行毒性管理，比如出现严重毒性反应时，开启"自杀开关"，快速诱导CAR-T细胞灭亡。

2023年5月10日，首个接受CAR-T免疫疗法的怀特黑德迎来她无癌生存的第11年纪念日，她每年都会举牌打卡庆祝。一个在死神面前生命垂危的孩子，从六岁时初遇朱恩，现已出落得亭亭玉立，且健健康康。这是怀特黑德的胜利，朱恩的胜利，更是人类与癌症对峙中打得颇为痛快的漂亮仗。

但直到今天，CAR-T免疫疗法的高价问题仍悬而未决。好消息是，获批的CAR-T免疫疗法局限在血液瘤领域，大部分患者可通过一线疗法，比如化疗、骨髓移植、靶向疗法等解决问题，只有一小部分才真正需要CAR-T免疫疗法。不可否认的是，CAR-T、TIL、TCR-T等细胞疗法攻克实体瘤的临床正如火如荼地进行，一旦进入市场，也就意味着有更多患者会依赖昂贵疗法求生存。

一款新药只有被大多数患者用上，才有它的社会和市场价值。因此，降低成本成为新一代CAR-T免疫疗法最急迫的挑战。全球范围内，已经有持续不断的资金注入CAR-T免疫疗法研究领域，如果CAR-T免疫疗法在降低成本，以及拓展适应证上有所突破，市场的天花板就会有望打开。到那个时候，CAR-T免疫疗法才算是真正完成它作为药物的终极使命，为所需者所用，而不是小部分人的特权。

第 11 计

曲突徙薪

在《汉书·霍光传》中记录了一则颇有智慧的小故事,叫曲突徙薪。这里的"突"是古时灶边的出烟口,相当于今天的烟囱。"徙"是搬走的意思。故事是这样的:有一户人家,烟囱笔直地冲着屋檐,灶台边堆放着柴草。一天,一位客人来访。他发现了问题,就告诉主人,这样有安全隐患,容易引起火灾。应该把烟囱改成弯的,把柴草搬远一些。可惜主人不听客人的话,不久果然失了火,主人还受了伤,损失惨重。今天,我们用"曲突徙薪"这个成语比喻事前防患于未然,避免灾难的发生。《黄帝内经》中就有"不治已病治未病"的说法。在医学中,防大于治的理念早已深入人心,当然在癌症治疗领域也不例外。

世界卫生组织在2020年发出了一项伟大的倡议,号召全球齐心协力通过青少年群体免疫消灭一种疑难杂症——宫颈癌。

消灭癌症?听起来似乎一股浓郁但拙劣的广告味道,实则不然,宫颈癌真的可能被彻底消灭。如果世界卫生组织的这一计划成功,可谓功在当代、利在千秋,每年可造福数十万女性。数据显示,仅2020年,全球就有34.2万名女性患者死于宫颈癌。

宫颈癌,寻根究底是人乳头状瘤病毒(Human Papilloma Virus,简称HPV)惹的祸,我们自然可以亮出疫苗这把利剑。自2006年第一款HPV疫苗上市后,世界各地的父母陆续将给子女接种之事提上日程。在我国,甚至出现排队抢购这款"网红产品"的盛况。

因为身体结构的差异,男性自然不用担心自己会患上宫颈癌。但HPV并不只是女性的噩梦,它同样会对男性健康构成巨大威胁。美国HPV相关癌症病例中,男性患者高达41%,几乎接近一半。更让人咋舌的是,HPV对男性最大的威胁并不是与宫颈对应的生殖器官,而是口咽部。美国HPV阳性口咽癌病例数已后来居上,超过患宫颈癌的女性病例。

看到这里,家里有男孩的父母兴许要着急了。全球范围内,现阶段,HPV疫苗并不是所有国家都对男性开放,这又是什么原因呢?

HPV 疫苗的男性发声者

美国金像奖影帝道格拉斯(Michael Douglas)接受媒体采访时曾公开表示,自己可能因为某种不便言语的性接触导致了 HPV 感染,患上喉癌。几年后,道格拉斯又坦陈,自己患的是舌癌,但因为口舌是演员的命根子,舌部动手术可能对声线有影响,因此为了保护自己的演艺事业,他不得不对公众撒谎,以回避记者和电影公司的追问。

道格拉斯的事情为我们起到很好的提醒作用:HPV,这个往往和女性宫颈癌绑定出现在公众视野中的病毒,也会导致男性口咽癌。

与道格拉斯"博眼球"的访谈不一样,另一位男性同胞在生命的最后时间里,为倡导男性接种 HPV 疫苗做出了不懈努力,他便是贝克尔(Michael Becker)。

贝克尔是 VioQuest Pharmaceuticals 等制药公司的首席执行官和联合创始人,作为制药行业从业者,他经常出席美国临床肿瘤学会的会议,探讨最炙手可热的抗癌药物。2018年,当贝克尔再次出现在美国临床肿瘤学会的年会时,他的身份转变为一名癌症患者。在所剩无几的生命岁月里,贝克尔希望用自己的故事来提高男性对 HPV 疫苗的认知。

据贝克尔讲述,2015年感恩节的前一天,他和往常一样站在浴室等待淋浴预热,他的余光掠过镜子,忽然发现自己脖子右侧出现了一个令人费解的四厘米大的肿块。贝克尔小心翼翼地触摸脖子,顿时僵住了:如果隆起是由炎症导致的,理论上会有疼痛感;而这个肿块非但不疼,还异常坚硬。作为专业人士,贝克尔那一刻已确信肿块是肿瘤,并且很不乐观。果然,时年47岁的贝克尔去医院就诊后,被确诊为晚期口腔癌。

贝克尔很快接受了化疗。2016年6月复查,PET扫描显示头颈部或身体其他地方并没肿瘤。此时,他的心中燃起一丝生存的希望。然而,六个月后的第二次PET扫描显示,癌细胞卷土重来,已经转移到他的双肺和脾脏,显然这是所有癌症患者都不愿意面对的转移。

贝克尔在职业生涯中见过无数张PET扫描片子,当看到自己的肺部扫描结果的那一刻,已确信自己时日无多。对贝克尔来说,"生活"的定义不是因为化疗导致虚弱不堪,只能一整天躺在沙发上,虚耗光阴,等待最后时刻的到来。追求更高生活质量的贝克尔,为了避免化疗引发的一系列副作用,决定选择彼时颇受关注的创新疗法——肿瘤免疫疗法。

或许得益于贝克尔强大的意志力和乐观积极的态度,癌症晚期的他看上去和正常人并无两样。在死神的追赶下,贝克尔同时做了一个重要的决定:记录自己的抗癌故事。贝克尔不仅开通了一个博客,笔耕不辍,和读者分享自己的心路历程和感悟,还出版了回忆录《有目的的旅程》(*A Walk With Purpose*),该书上市后颇为畅销。

回忆录中,贝克尔提到,患癌前他漫无目的地在人间旅行,而现在有了一个朴素的使命,便是引起大家对HPV相关癌症的重视,希望有更多人,包括男性在内都可接种HPV疫苗,避免经历和他一样的命运。

2018年,贝克尔接受最后一次治疗后选择回归大自然。在家人和爱犬的陪伴下,每天在路易斯湖畔的幽静小径散步。在大自然的关怀下,贝克尔平静地走向生命终点,于2019年7月9日去世。

贝克尔去世后,他的经历每一次被提起,都会引发更多男性认识到HPV疫苗的重要性,进而推动HPV疫苗的普及。

HPV疫苗接种竟然"重女轻男"?

既然男性同样需要HPV疫苗保护,为何大部分男同胞没有渠道接种,这难道是"重女轻男"?

事实上,澳大利亚早在2013年就实现"HPV疫苗男女平等",成为全球第一个对男性开放HPV疫苗的国家,之后包括美国、加拿大、英国在内的国家也建议9—26岁男性进行HPV疫苗接种。

但毕竟HPV和宫颈癌之间的紧密关系已经历几十年反复验证,而HPV和口咽癌的关系尚不明确。

在发达国家,从2006年HPV疫苗上市,一直到2020年6月,美国才宣布HPV疫苗也可用于预防口咽癌这个日渐嚣张的"男性杀手"。参考历史轨迹,双价和四价疫苗中外上市时间相差十年左右,九价疫苗只差了四年,按照这个速度,中国HPV疫苗用于预防口咽癌指日可待。

奇怪的是,美国2020年才将九价HPV疫苗预防扩展到口咽癌,但9—26岁男性早在2014年九价HPV疫苗就可以接种,彼时获批的适应证中肛门癌虽然可以保护男性,但发病率并不高,男性这么积极接种,又是怎么回事呢?

这就要谈到群体免疫的概念了。一般认为,要形成群体免疫,需要70%—90%群体免疫,在男性人口顶大半边天的情况下,男性接种会加快群体免疫。另外,男性接种HPV疫苗的积极意义也在于降低高危型HPV传播,保护自己的伴侣。

有预测模型显示,在男女都接种HPV疫苗的情况下,接种率只需达到75%,年轻人群中高危型HPV就有望在20—30年后被根除。若要达到类似群体免疫的效果,在仅有女性接种HPV疫苗的情况下,接种率需要达到90%以上。

口咽癌在国外更受重视,还有一个原因是形势更加紧迫。美国从2010年左右开始,口咽癌发病数量已经超过宫颈癌,并且差距日渐拉大;但我国2015年的临床数据显示,男性HPV相关癌症病例不到女性的一半。

另外,HPV和口咽癌更多是一种相关性,暂时没有确凿的证据证明其因果关系,所以在疫苗如此紧缺情况下,考虑到轻重缓急及经济效益,先让女性接种HPV疫苗是更为合理的分配。

因此,暂时不给男孩接种HPV疫苗,更多是从宏观经济层面来看不大合算,并不是没有医学价值。

那如果男性没有涉及口腔性接触,是不是就安全了呢?迄今为止,科学家依然不能排除接吻造成HPV传染的可能性,因此还是需要谨慎。再说,喝酒、吸烟也可能导致口咽癌。

正反双方的呈堂证供

疫苗从研发到推向市场,往往会受各种攻击,HPV疫苗也难逃此劫。各种谣言漫天飞舞，"劝退"不少计划接种的人士，特别是家长们。这里挑选几个热门论题，来看看正反方的立论和呈现的证据。

焦点问题1：HPV疫苗有后果严重的副作用？

2018年，一篇名为《重磅！美国25—29岁女性中接受HPV疫苗注射女性怀孕概率降低25%！》的文章横空出世，其引用的数据来自发表在正儿八经的期刊上的论文。论文原作者在针对800万名美国女性的回归分析中发现25—29岁女性的生育率，从2007年的118/1000下降到了2015年的105/1000，并且未接种HPV疫苗的女性中的60%至少怀孕过一次，但接种HPV疫苗的女性中，只有35%怀孕。

乍一听确实是有理有据，样本量也足够大，不像某些文章拿极端个例危言耸听。原论文作者假设研究中所有女性都接种HPV疫苗，受孕女性人数将下降200万。如果这项研究成立，那家长确实得三思——是否让子女去接种HPV疫苗。毕竟不是所有人都选择当"丁克"，传宗接代的事情可草率不得。

到底可不可信，我们来仔细看下论文的两个关键数据。

在研究美国女性生育率时，作者选择了2007年作为时间分割点，也就是首批HPV疫苗开始使用的时间，于是"发现"生育率降低就是从2007年开始的。多么无懈可击的巧合！

如果把时间线再拉长点，可以发现，无论是美国还是中国，几十年以来，出生率整体一直呈下降趋势，究其原因，是各种复杂变量的综合结果。论文作者并没解释选择25—29岁这个年龄阶段的原因，也许是考量到适孕年龄，但从整体出生率来看，2007年并没有出现特别的断层式下滑。

再看看更加强有力的证据：未接种HPV疫苗的女性中的60%至少怀孕过一次，但接种HPV疫苗的女性中，只有35%怀孕。出于严谨，作者分析了种族、受访年龄、家庭收入、学历等参数，猜猜在接种HPV疫苗和没有接种HPV疫苗的人群中，哪些参数更有差异？对！就是家庭收入和学历。接种HPV疫苗的人群中，大学毕业生的比例远远高于未接种HPV疫苗的人群（50.1%∶34.4%），而未婚接种HPV疫苗女性的家庭收入也显著高于未接种HPV疫苗人群。

大胆猜测一下，这些女性会不会忙着奋斗工作或者学业，顾不上生孩子？

事实上，数据显示，家庭收入低于1万美元人群的出生率为66.44%，高于20万美元人群的只有43.92%，可见家庭收入和出生率有一定相关性。相关性并不能代表因果关系，如果混淆相关性和因果关系，而得出"收入高会导致不孕不育"的结论，就要贻笑大方了。

论文作者身为美国正规大学经济学副教授，怎么就当起"斜杠青年"研究HPV疫苗了？有个小细节：作者曾替女儿申请疫苗伤害补贴被拒绝，老父亲有点情绪也能理解。即使如此，作者出于基本的逻辑严谨，还是强调HPV疫苗接种和女性怀孕率降低有关系，但并不能就此得出"接种HPV疫苗是导致怀孕率低"的原因。

花了大篇幅讨论完反方陈述，不得不感叹：造谣小嘴吧吧几下，辟谣查资料查到眼酸手麻。现在再来看看正方的证据，如何证明HPV疫苗并没有传言中的可怕副作用。

研究HPV疫苗副作用论文数不胜数，大部分集中在欧美人群。韩国一项民意调查发现，未接种HPV疫苗的女孩中，73.5%是因为家长担心疫苗副作用,因而拒绝免费接种的机会。家长的担心也能理解,毕竟可能会存在种群差异,于是韩国成均馆大学团队大刀阔斧,进行了针对441399名韩国11—14岁女生(约占韩国全国同年龄段女生的三分之二)的大规模研究,其中382020位女生接种了二价/四价HPV疫苗,其余59379位作为对照,接种了脑炎疫苗/百白破疫苗,但没有接种HPV疫苗。

在33种可能与疫苗接种相关的不良事件中,比如甲亢、炎症性肠病、青少年关节炎等,除了偏头痛,HPV疫苗与其他不良事件发生率均无"半毛钱关系"(没有统计学相关性)。对偏头痛问题,研究团队表示这可能与多方面因素有关,毕竟偏头痛是一种极易被误诊的疾病,11—14岁女生的月经状态会对偏头痛有一定影响。

总而言之,接种HPV疫苗和大家熟悉的百白破疫苗一样安全,家长大可放心。

焦点问题2:接种HPV疫苗,会不会鼓励青少年发生性行为?

和孩子聊HPV疫苗时很难绕过性的话题,毕竟HPV的主要传播途径是性传播。作为中国父母,性一直是难以启齿的话题。除此之外,还会有一个顾虑,孩子接种HPV疫苗,会不会对待性的态度更开放?

这个逻辑和安全套教育有点类似,正方反方都可罗列长串论点,各有各的理。比如说,支持的家长会认为,孩子不接种HPV疫苗,发生性行为感染HPV,后果更严重。反对的家长则会说,本来孩子懵懵懂懂,对性没有概念,一教育一开窍,难免受到好奇心驱使去尝试,有疫苗保护,更不顾及后果。男孩也好,女孩也好,性冲动有各种驱使和场景,很难想象HPV疫苗接种会成为一个核心动力。

此类深刻讨论还是留给教育工作者思考,在这里简单分享一个数据:2019年发表的一篇论文分析了241名大学生HPV疫苗接种情况和性行为的关系。研究发现,HPV疫苗的接种状况与性初次出现年龄、概率、性伴侣数量都没显著关联。

焦点问题3:九价疫苗都出来了,打二价疫苗是不是已经过时?

HPV疫苗的"价"指的是针对HPV亚型的数量。HPV有100多种亚型,大部分都是低危型,并不能致癌。所谓"九价"即能预防九种HPV感染引发的疾病,二价只能预防两种。

从数学角度来看,9是2的4.5倍,这样推理的话,保护系数应该有天壤之别。事实果真如此吗?

我们先来看看不同HPV疫苗分别针对哪些亚型。二价HPV疫苗针对HPV16和HPV18这两种最高危、最容易导致宫颈癌的亚型,70%的宫颈癌由HPV16和HPV18两种亚型引发。这也是药企最开始选择这两种亚型入手的原因。四价疫苗在二价基础上加了HPV6和HPV11两种亚型。HPV6和HPV11两种亚型是90%的生殖器疣的元凶。九价HPV疫苗则又增加了HPV31、HPV33、HPV45、HPV52和HPV58五种亚型,因此还可以预防外阴癌、肛门癌及阴道癌等癌症。

从感染率来看,九价HPV疫苗额外针对的亚型,比如HPV52的感染率和HPV16相当,甚至高于HPV18;HPV58的感染率也高于HPV18。

但感染不一定代表能够发展成癌症,在所有HPV相关癌症发病及死亡病例中,宫颈癌分别占了89.5%和83.2%;排名第二的肛门癌,每10万人中,患者数和死亡人数为3936和2773。因此,预防宫颈癌,其实相当于有将近90%的保护作用。

因此,九价HPV疫苗确实预防力度最强,有更宽的保护范围,但毕竟产量有限,不妨先接种二价HPV疫苗保护起来,至少可预防70%的宫颈癌。并且二价HPV疫苗已经有国产疫苗,价格上也更加合理。

2020年,全球194个国家第一次共同承诺消除宫颈癌,为了这一共同奋斗目标,到2030年,全球90%的女孩要在15岁之前完成HPV疫苗接种。由于认知不足、疫苗供应不足、价格高等原因,我国现阶段适龄人群接种率不足1%,任务相当艰巨。

好在进口九价HPV疫苗的中国独家代理智飞生物,2020年年底签署了HPV疫苗相关协议,进一步上调进口四价HPV疫苗及九价HPV疫苗的采购额。而国内药企也在快马加鞭,其中康乐卫士、万泰生物、博唯生物等九价HPV疫苗已进入临床Ⅲ期;北京诺宁等公司也在开发十四价HPV疫苗。相信一针难求的局面将逐渐被打破。

对接种HPV疫苗有经济压力的家长来说,还有一个好消息:最新研究发现接种三针和一针比较,保护优势相当有限,因此在经济状况稍有拮据情况下,接种一针HPV疫苗就行。

守株待兔

　　守株待兔是一个从寓言故事演化而成的成语，最早出自《韩非子·五蠹》。原文很短，很经典，已经被选入小学语文三年级下册的教材。"宋人有耕者。田中有株。兔走触株，折颈而死。因释其耒而守株，冀复得兔。兔不可复得，而身为宋国笑。"守株待兔一直是贬义的用法，一般比喻死守经验，不知变通，亦用以讽刺妄想不劳而获的侥幸心理。然而，在今天的语境中，特别是在癌症治疗领域，我们可以赋予这个成语新的含义。如果我们把疫苗比作农夫手中的工具，而将癌细胞视作不期而至的"兔子"，那么，这个成语就不再是简单的贬义用法了。在这种情境下，如果我们已经准备好了疫苗，将其注入体内，当癌细胞出现时，它们就像是撞上树的兔子，成为不期而遇的猎物。

如果要选择一个对抗癌症的终极大招,或许很多人会选择癌症疫苗。疫苗,既能未雨绸缪,不战而屈人之兵,又能一劳永逸,永远隔绝癌症带来的各种痛苦,绝对是人类抗癌的终极梦想。当今,炙手可热的癌症免疫治疗排行榜中,除了出镜率高的免疫检查点PD-(L)1抑制剂和CAR-T免疫疗法外,治疗性癌症疫苗不仅榜上有名,还享有"癌症免疫疗法圣杯"的荣誉。

　　治疗性癌症疫苗和预防宫颈癌的HPV疫苗不同,HPV疫苗是预防性疫苗,顾名思义就是起到防患未然的作用。那何为治疗性疫苗?我们再来复习一下抗原这个概念:癌细胞携带很多基因突变的特异性蛋白(抗原)。按理说,这些特异性蛋白应该被人体自带的抗癌"神器"——免疫细胞及时识别并一键清除。然而,肿瘤细胞有非常高深的伪装术,装作良民逃过免疫细胞的火眼金睛。

　　治疗性疫苗是指在人体注入大量癌细胞抗原,将这些抗原暴露在免疫细胞眼前,诱导免疫细胞擦亮眼睛看清楚,知道携带这些抗原的都是入侵者,需要一网打尽。接受过集训的免疫细胞这下学聪明了,癌细胞再如何有心机地藏着狐狸尾巴(抗原),免疫细胞也能敏锐地发现它。

　　一针疫苗下去,癌细胞就被打得灰飞烟灭,想想就激动,因此癌症疫苗一直是抗癌领域的梦想。

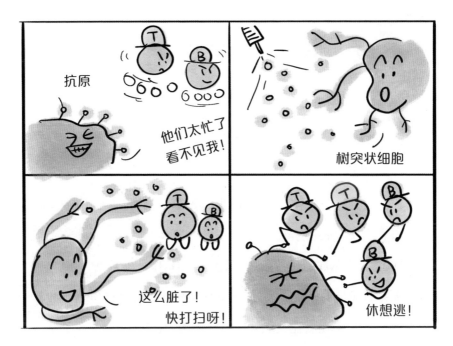

然而癌症疫苗的研发几十年举步维艰，迄今为止，只有一款治疗前列腺癌的Provenge疫苗获批，后来还由于高昂成本等因素销售惨淡，原研企业Dendreon破产后也像皮球一样被踢来踢去，最后兜兜转转，被我国的三胞集团收购。

与之相对，临床试验频频传来喜讯，比如癌症疫苗帮助晚期卵巢癌摆脱癌症困扰高达5年，又比如黑色素瘤患者接受疫苗后肿瘤完全消失，且25个月内无复发。治疗小鼠表现更为惊人：2018年，有报道称癌症疫苗根治率高达97%，近期又热传癌症疫苗将治疗率提升275%。部分媒体报道虽有标题党嫌疑，但引用的数据都是被发布在正经的学术期刊上的。

诺贝尔奖得主斯坦曼（Ralph Steinman）确诊胰腺癌晚期后，利用自己研发的树突状细胞癌症疫苗自救，成功存活了超过四年，而大多数类似患者往往撑不过一年。

我们不禁要问，癌症疫苗到底靠谱不靠谱？我们先来看看几段轶事。

"黑色星期三"

作为美国首个，也是迄今为止唯一获批的治疗性癌症疫苗，治疗前列腺癌的 Provenge 疫苗的境遇怎一个"难"字了得！

2007 年，Provenge 凭借乐观的前列腺癌临床试验数据，得到监管部门大多数成员的投票赞成，赞成票与反对票的比为 13∶4。但投反对票的少数专家在癌症领域非常有影响力，他们对 Provenge 的临床有效性提出质疑：生存率虽有改善，但肿瘤大小并没有显著变化。

于是，反对者发起了声势浩大的公关活动，指责投赞成票的人在癌症药物这件事上压根一窍不通，才会轻易被这种刺激免疫系统治疗癌症的古老概念所诱骗。Provenge 疫苗安全性问题不大，大概率不会对患者的生命造成威胁，但这并不能粉饰它在疗效方面的乏善可陈。

迫于形势和舆论压力，监管部门只能宣布 Provenge 投票作废，并要求其提供更多临床数据支持。一石激起千层浪，前美国监管部门的官员愤慨之下，在《华尔街日报》上将此次事件称为癌症免疫疗法史上的"黑色星期三"，顿足捶胸地表示，这将使得免疫疗法"一夜回到解放前"。之后，Provenge 反对者还因此收到威胁邮件。

兜兜转转三年，直到 2010 年，Provenge 才获得监管部门的批准，开创了癌症免疫治疗新时代。彼时，Provenge 的开发商 Dendreon 自信心爆棚,2011年撕毁与巨头葛兰素史克的合作协议,独自承担起了Provenge的研发生产工作。然而好景不长,Dendreon发现,没有巨大财力的支撑,自己显然力不从心。再者,高昂的价格(9.3万美元)、复杂的治疗方案也"劝退"了不少医生和患者,Provenge在2011年的销售额只有2.14亿美元,与当初夸下海口的3.5亿—4亿美元销售额的差距甚远。到2014年,因无能力偿还巨额债务,Dendreon不得不宣布破产,其命运走势让人大跌眼镜。

让Provenge处境更为艰难的是,同样针对前列腺癌的药物阿比特龙和恩杂鲁胺分别在2011年和2012年上市。这两款新药凭借亲民的价格(四万美元)以及口服药的优势大卖。阿比特龙获批后第二年的销售额就冲到9.6亿美元,Provenge难以望其项背。之后,Provenge采用捆绑销售的战略,阿比特龙/恩杂鲁胺与Provenge组合用药的疗效受到广泛认可。

尽管如此,Provenge仍然难逃被抛弃的命运。在疗效上表现平平,又缺乏便利性,在竞品上市后被市场遗忘也是迟早的事。但如果Provenge能早上市十年,抢占市场的先机,或许在没有太多竞争的情况下也能斩获不错的业绩。如果那样,市场的积极反馈就能激发对癌症疫苗研发的更大热情,整个领域就能形成良性循环并加速发展,只可惜历史终究无法重写。

疯狂还是笃信?

马西亚(Tom Marsilje)是另一位罹患癌症的癌症研究科学家,同样在绝境中寄希望于癌症疫苗。

马西亚的一生似乎都在和癌症进行斗争。1999年,马西亚硕士研究生毕业前夕,他的母亲苔丝被诊断出患有晚期胰腺癌。几经周折,他的母亲还是去世了。母亲的不幸病逝,坚定了马西亚成为癌症药物研发科学家的决心。之后,他毅然搬去圣地亚哥,加入诺华。

2012年6月4日,对马西亚来说是一个充满戏剧性的日子。那一天,他参与研发的癌症药物Zykadia取得重大突破,正式对外发布。然而,就在同一天,马西亚被诊断为结肠癌Ⅲ期。

马西亚深知,化疗并不能改变自己的命运,体内的肿瘤迟早有一天会暴发。在一切还有机会之前,他要尽一切可能战胜癌症,为自己争取更多陪伴妻子和两个女儿的时间。

确诊后,马西亚穿上跑鞋,通过每隔一天跑步十千米来增强免疫力,并设法完成一场半程马拉松比赛。他还成为结肠癌患者社区的倡导者,分享自己对治疗方案及临床机会的见解,给其他患者提供帮助。

马西亚调研各种临床机会后,认为免疫疗法是最有希望的疗法。遗憾的是,大部分临床试验都不接受有继发性癌症的患者,担心会混淆试验结果,而马西亚在结肠癌后又被发现了患有黑色素瘤,因此不符合临床试验患者的招募要求。

马西亚并没有放弃,几经周折后争取到参加个性化癌症疫苗临床试验的名额。马西亚兴奋地说:"我愿意将希望寄托在10%或20%的机会上,因为这肯定好于0。"如果疫苗奏效的话,有可能使马西亚的癌症变成可控制的慢性病,甚至将其消灭。

只可惜,分析完马西亚的癌细胞数据、筛选设计疫苗抗原后,他的病情恶化。马西亚最终没有来得及参与临床试验,于2017年去世。这也留下了一个无从得知答案的问题:个性化癌症疫苗是否能在马西亚身上创造奇迹。

斯坦曼和马西亚选择的都是癌症疫苗,但后者加入了量体裁衣的元素,被称为个性化疫苗。所谓个性化疫苗就是先将患者体内的癌细胞研究个透(测序),鉴定出每位患者癌细胞的特征(特异性抗原),再根据特征信息设计疫苗。疫苗在患者体内可以给"通信兵"树突状细胞提供癌症特征,树突状细胞再将情报传递给T细胞,于是T细胞便拿着癌细胞画像,找到善于伪装的癌细胞后火力全开,一举歼灭。

个性化疫苗获得里程碑式突破,来自2017年发表在《自然》杂志上的两篇研究论文,一篇来自哈佛大学丹娜法伯癌症研究所,另一篇则是约翰内斯堡大学/拜恩泰科(BioNTech)的成果。隔着一个大西洋,两个独立小组的疫苗设计虽不尽相同,但殊途同归:接受癌症疫苗治疗后,一半以上患者肿瘤完全消失,复发患者联合免疫检查点抑制剂(PD-1)后,肿瘤也完全消失。甚至在接受癌症疫苗治疗四年后,疫苗引发的免疫反应仍然强大,并能有效地控制癌细胞。

个性化疫苗的发展离不开一个重要的功臣,那就是新抗原(Neoantigen)。

大有来头的新抗原

多年来,共享肿瘤抗原一直是癌症疫苗的重点,毕竟共享意味着可以批量生产,比量体裁衣的成本更低。为此,美国还专门成立了一个工作组制订共享肿瘤抗原的优先级清单,名列前茅的包括业内比较熟悉的WT1、MUC1、HER2,等等。

这些官方认证的抗原确实有不错的早期临床表现,2020年圣安东尼奥乳腺癌研讨会上一款名为GP2的疫苗横空出世。乳腺癌患者接受治疗后,随访五年的无病生存率为100%,复发率为0。因此GP2疫苗的东家GLSI,当天股价上涨20多倍,因为波动太过剧烈,停牌不下20次。

与之相反,功败垂成的案例也层出不穷,比如针对抗原PSA的癌症疫苗Prostvac在临床Ⅱ期明明可以延长前列腺患者生存期8.5个月,到临床Ⅲ期的关键时候就大掉链子,对生存期并没什么影响,只能提早终止临床试验。

不管是HER2还是PSA,虽然呈现了癌细胞的重要特征,但在正常细胞上也能含蓄表达(水平相对较低),这就埋下了两个隐患:第一,这些抗原引发的免疫反应可能误伤正常细胞,产生副作用;第二,作为自身起源抗原,免疫系统对其往往有一定耐受性,也就是把它们当作自己人,未必能启动免疫反应。

随着对肿瘤认识的日益加深,科学家发现癌细胞突变后,会产生独特表达的新抗原。这就意味着,开发基于新抗原的疫苗可以完美解决上述两大隐患,既能对抗耐受性,引发真正的肿瘤特异性免疫反应,又能避免正常细胞无辜躺枪。顺着这条思路,下一代测序和生物信息学工具又提供了实操层面的技术支持,新抗原个性化疫苗的开发已经不再遥不可及。

治疗不同癌症,利用新抗原这把利剑各有各的烦恼。诸如黑色素瘤和肺癌等"热肿瘤",太热衷于突变,因此有成百上千的新抗原,然而只有其中一小部分能顺利进入免疫细胞的法眼,进而激发肿瘤特异性免疫反应。也就是说,每个新抗原好比一张彩票,如果随机挑选的话,最后中奖的概率并不是很高。

因此,设计疫苗时最重要的一步就是确定抗原优先级。如何辨别最有可能中奖的新抗原,这就需要依赖前沿的深度机器学习和人工智能技术。最后谁能脱颖而出,"满嘴跑火车"都没用,技术才是硬道理。

当然,抗原孰强孰弱,也不全是两眼一黑,无迹可循,科学家发现了一些端倪。比如,克隆突变比亚克隆突变引发免疫的概率大一些。如果癌细胞突变是一棵进化树,克隆突变是主干,亚克隆突变就是旁枝。又比如,更为粗暴的基因突变(移码插入和缺失等)可能比温和的单位点突变更有效。和"热肿瘤"恰恰相反,油盐不进的"冷肿瘤"中,只有非常少的新抗原。典型代表包括成胶质细胞瘤、胰腺癌和卵巢癌等。

选择太多,虽然容易挑花眼,但总比没得挑好,所以,这些年新抗原疫苗的关键临床都是针对黑色素瘤,大量的变异给了疫苗研究者很大的空间去选择抗原。对于"冷肿瘤",基于新抗原的开发难道就是一条死胡同吗?

不一定。

兵来将挡,水来土掩。这些高冷的癌细胞虽然难搞,并不是牢不可破。就连最致命的成胶质细胞瘤,也有一款名为AV-GBM-1的疫苗表现不错:接受AV-GBM-1治疗患者的15个月的总生存率为

76%,已经有大大提升。

除此之外,癌症疫苗还可在"冷肿瘤"中诱导免疫反应,从而有可能将其转变为"热肿瘤",给PD-1抑制剂等创造一展拳脚的条件。

寻找理想型癌症疫苗

如果要给理想型癌症疫苗画像的话,至少得满足以下三项:第一,消退肿瘤,并尽可能根除残留;第二,建立持久的抗肿瘤记忆;第三,避免非特异性反应或不良反应。

回顾历史,成功案例都相似,失败案例各有各的不同。有些是从一开始选择抗原时挑了战斗力弱的,直接输在起跑线上;有些挑选抗原这步棋没走错,却缺乏有效的帮手(佐剂)助疫苗一臂之力;还有些抗原和树突状细胞合不来,树突状细胞不愿意给其一席之地,更别提招募T细胞过来协助了。

目前正在进行的个性化临床试验,按照疫苗递送方式,大致可以分为三大类:多肽、RNA/DNA和树突状细胞。

万变不离其宗,这三种类型,归根结底就是让癌细胞抗原能顺利扎营在树突状细胞上。如果以树突状细胞作为传递方式,相当于大部分安装工程都得在体外完成,如果选择RNA/DNA就比较取巧(偷懒),在体外简单合成后,丢到人体内,让人体细胞自己完成剩下的工作,却有抗原不能顺利被树突状细胞接纳的风险。

DNA和RNA的生产流程都比较简单,但RNA疫苗递送至细胞后,可立即作为蛋白质生产的模板,并且可以对RNA进行工程改造,实现自我扩增。最为重要的是,避开了DNA整合到患者基因组的风险(只是理论上的可能,没有确凿的临床证据),所以相对来说,RNA疫苗得到的关注更多。

理想型癌症疫苗还有一个优秀品质,就是乐于交友,毕竟单打独斗从来都不是智者的选择。除了和PD-1抑制剂等双剑合璧、联合治疗外,更为亲密的合作伙伴(佐剂)包括GM-CSF、TLR激动剂等,其目的就是增强机体对抗原的免疫应答。比如,Provenge疫苗就得到GM-CSF的强力支持。

个性化癌症疫苗虽然取得一定进展,但还不能彻底唤醒人体自带的抗癌武器。还有一些研究显示,虽然患者的缓解率有所提升,但存活率却没有显著改善。这很难称为成功的案例,毕竟患者能活多长时间才是考量疗效的黄金标准。

此外,个性化癌症疫苗生产周期长和成本高这些短板也不容忽视。在已经非常拥挤的免疫疗法临床试验,争取患者的竞争非常激烈(强调一下:患者资源非常珍贵,收费参加临床试验都是诈骗行为),这可能会限制个性化疫苗开发,而倾向于更适合大规模生产、成本更低的通用疫苗。

幸运的是,伴随新抗原更为精准的预测,跨学科之间的合作也越来越多,比如加州理工大学化学家海思(James Heath)就召集各领域人才共同设计了预测新抗原的微流控设备。相信只要有足够的想象力,个性化疫苗将会越走越远。既然计算机可以从最早几十吨重到现在的掌上平板设备,个性化疫苗从现今几个月生产周期到几天,甚至几个小时也不是没有可能。

另一个可以另辟蹊径的破局方法是取预防和治疗的折中。也就是说,当癌症还处在良性/早期阶段,借助癌症疫苗来阻止其进一步恶化。事实上,这个思路在处于宫颈癌和结肠癌癌前病变患者中都有不错的表现。患者接受其他疗法且病情稳定后,个性化疫苗也可以作为辅助疗法来预防复发。

总而言之,癌症疫苗靠不靠谱,这取决于我们对靠谱的定义。癌症疫苗从原理上说,没有任何问题,但离临床广泛应用确实还有一段距离。如果指望癌症个性化疫苗在短期内成为彻底治愈癌症患者的救世主,那难免要失望了。

第 13 计

出奇制胜

"齐天大圣"孙悟空是我们中国人自己的超级英雄。手持如意金箍棒，英气逼人，不服来战。一对火眼金睛，看透世间万物，让妖魔鬼怪无处遁形。一个筋斗云，十万八千里，四海之外，任我驰骋。取经路上，孙悟空面临着无数艰难险阻，遇到各种妖魔鬼怪。他总能根据不同的敌人和情境，巧妙地见招拆招：假装牛魔王是智取铁扇公主的法子，三打白骨精是对付白骨精的策略，一次又一次出奇制胜，涉险过关。今天，我们要讲述的mRNA疫苗，正展示了与孙悟空类似的出奇制胜的能力。它的神奇之处在于，面对形形色色的癌细胞，能够根据癌症的不同类型和特点，像孙悟空面对形形色色的敌人一样，灵活变化策略，轻松施展绝技，有望为医学领域带来革命性的进步。

作为后起之秀,mRNA 疫苗在新型冠状病毒引发的疫情中的突出表现,带动了整个领域的蓬勃发展,自然也少不了在癌症疫苗赛道上,摩拳擦掌,一展身手。但别看今天 mRNA 疫苗风光无限,而仅仅五年前,mRNA 并不是有公众吸引力的科学术语,也没有任何一个国家批准过 mRNA 疫苗。可以说,mRNA 通过新冠疫情一战成名。

连传奇人物马斯克(Elon Mask)继太空探索、脑机接口等畅想后,也瞄准了 mRNA 技术,认为 mRNA 好比人体的计算机程序,可以对其编程来执行任何操作,比如延缓衰老。再疯狂点,说不定可以将一个人变成一只蝴蝶,直接将"庄周梦蝶"升级为"大变活蝶"。面对如此有想象力的未来科技,作为实干家的马斯克已经宣布,特斯拉将为总部位于德国的 CureVac 公司打造 RNA 微型工厂。无疑,mRNA 新冠疫苗的推出是一场重要的医学革命,引发全球各大媒体的争相报道,但其实这种关注在某种意义上掩盖了 mRNA 技术超越新冠疫情本身的意义,特别是 mRNA 癌症疫苗的光辉。

十年寒窗无人问,一朝成名天下知

和大多数重要科学突破一样,mRNA 能一战成名,要归功于数十年的厚积薄发。

从20世纪70年代萌芽到2020年新冠疫苗的紧急获批,mRNA技术发展之路并非一帆风顺。历史见证了科学家们职业生涯的重大抉择和起起落落,以及代表企业的几近破产,比如美国新型冠状病毒抗疫专家福奇(Anthony Stephen Fauci)在《科学》杂志上实名点赞的宾夕法尼亚大学研究人员卡里科(Katalin Karikó),就在mRNA这个"冷板凳"上坐了30多年,不断收到各方拒信及质疑,事业几度进入死胡同。

卡里科出身于匈牙利一户屠夫家庭,从小立志成为一名科学家。在匈牙利读完博士,因为大学研究资金出现问题,卡里科和同为博士的丈夫决定移民至美国。1985年,卡里科夫妇及两岁的女儿,带着藏在泰迪熊公仔里的900英镑踏上飞往美国的航班,开始了"美国梦"之旅。

到美国后,为了生计和身份,丈夫不得已放弃学术,卡里科则在宾夕法尼亚大学找到研究助理教授的职位,启动了最早期的mRNA研究。在卡里科看来,mRNA可以引导细胞制造任何蛋白质,简直太神奇了!

事实上,mRNA早在20世纪60年代就被发现。如果将人体比作一台机器,那么数百万种微小的蛋白质便是维持机器运行的零部件,mRNA则是制造零部件的总指挥。因此,人体细胞本身就是自然界最完美的"制药厂",可以根据mRNA指令生产出任何想要的蛋白质,不像传统方法需要大费周折通过体外基因工程进行耗时耗力的蛋白表达及纯化。

以新冠mRNA疫苗为例,新冠病毒基因组RNA序列注射到人体后,跳过体外合成蛋白质的过程,直接在人体细胞内生产病毒蛋白,对免疫系统进行"战前演习",诱导识别病毒蛋白,从而产生对新冠病毒的免疫记忆。当新冠病毒真正进入人体时,免疫细胞如同训练有素的军人,快速识别病毒,对其发动精准攻击。

理论上mRNA无所不能,但几十年来,mRNA的临床应用并没有得到认可,很大一个原因是mRNA非常脆弱,容易被周边环境里无处不在的RNA酶降解。毫不夸张地说,在实验室中研究mRNA简直就是一场噩梦,稍不留神,它就从你眼皮底下消失得无影无踪,更别指望它还能跨越重重阻碍抵达人体细胞了。

因此,mRNA只是教科书上被尊奉的学术名词,在现实世界里并没得到太多关注。一直到1990年,威斯康星大学研究团队才首次报道,肌内注射mRNA到小鼠骨骼肌,确实如愿以偿地产生了蛋白质。

同时期的卡里科经过不计其数的尝试后,也成功利用mRNA引导细胞产生尿激酶受体蛋白。但mRNA还是摆脱不了"冷门领域"的标签,一直得不到资本的垂青。一次次经费申请被拒后,卡里科收到学校的降职通知,她还一度被诊断出患有癌症。

幸运的是,几经挫折的卡里科遇到人生中最重要的伯乐——魏斯曼(Drew Weissman)教授。

魏斯曼教授提议开启艾滋病mRNA疫苗的课题。只要能有机会继续研究mRNA,卡里科就不想放弃,因此很快加入了魏斯曼工作组。恰逢当时陆续出现了脂质体、脂质纳米粒等保护装置。这些装置可将mRNA包裹起来,保送mRNA到指定目的地,因此,mRNA的研究第一个痛点有了初步的解决方案。

然而,mRNA 技术的第二个棘手问题出现了,卡里科成功利用 mRNA 在培养皿细胞中产生了想要的蛋白质,但这些 mRNA 在小白鼠身上却没有任何效果。通过反复调查,才发现原来小白鼠免疫系统将 mRNA 定义为外来物,直接发起免疫反应,将 mRNA 清理掉了。这无疑基本宣判 mRNA 治疗思路根本走不通。

但卡里科还是选择迎难而上,经过长期的实验,卡里科惊喜地发现,mRNA 的胞兄 tRNA 能成功躲过免疫系统的追踪。反复比对 mRNA 和 tRNA 后,其中端倪慢慢浮出水面:原来 tRNA 携带一种反免疫侦查功能的分子,名为伪尿苷。

于是,一个划时代意义的想法在 2005 年诞生:将伪尿苷添加到 mRNA 中,修饰过的 mRNA 就可潜伏进入细胞,逃过免疫系统的攻击。卡里科和魏斯曼发表了论文,同时申请了专利。

这一发现为处于低谷时期的 mRNA 研究提供了新的希望,也成为其日后冲刺新冠疫苗领域的奠基石。

德国一家名为拜恩泰科的公司慧眼识珠,拿下 mRNA 修饰专利授权,继续支持卡里科研究 mRNA 技术,2013 年更是直接聘用卡里科为公司副总裁。

2020 年新冠疫情暴发,mRNA 技术刚好准备就绪,成就了一次天时地利人和的历史巧合。短短几个小时内,拜恩泰科根据新冠基因序列迅速设计出 mRNA 疫苗。2021 年 11 月 8 日,拜恩泰科开发的 mRNA 疫苗第一批临床试验结果证实对新冠病毒具有强大的免疫力。卡里科得知消息后,吃了一整盒巧克力包裹的果仁,作为独特的庆祝方式。

此刻，距离最早卡里科研究 mRNA，过去整整 32 年。32 年中，卡里科的个人年收入从来都没有超过六万美元，在冷门到几乎无人问津的领域内坚持耕耘，无数次被拒绝，甚至被降职。接受《纽约时报》采访时，面对无数的荣耀和掌声，卡里科只是轻描淡写地说："我实现了我的人生梦想。"

半路杀出个"程咬金"

mRNA 技术在美国高校孕育，德国生物技术公司却后来居上，在临床上冲在了前头，比如拜恩泰科及另外一家创新型公司 CureVac。CureVac 早在 2009 年就有产品进入临床。那 2010 年才成立的莫德纳（Moderna）为何更受追捧？这半路杀出的"程咬金"有什么来头？又是凭借什么技能后来居上呢？

故事的开始依旧和卡里科有关。

2005 年，卡里科和魏斯曼发布 mRNA 修饰的重大研究成果时，罗西（Derrick Rossi）还是斯坦福大学的博士后。当他读到这篇论文时，敏锐地意识到这一技术即将带来深远影响，甚至预言这是诺贝尔奖级别的发现。

2007 年，罗西成为哈佛大学医学院的助理教授，他如法炮制了卡里科的巧思，计划利用经过修饰的 mRNA 将体细胞重编程为胚胎样干细胞，并于 2010 年在培养皿里成功培育出胚胎样干细胞，比传统方法的效率提高了 100 倍。

年轻的罗西兴奋不已，但作为哈佛大学的一名资历尚浅的助理教授,他没有足够的社会资源将自己的发现商业化,于是便在前辈斯普林格(Timothy Springer)的引荐下结识了鼎鼎大名的麻省理工学院教授兰格(Robert Langer)。兰格不仅是最年轻的美国三院院士、桃李满天下的导师,也是杰出的企业家,曾经创办过20余家公司。民间流行一句话:"如果你想创立一家生物技术公司,必须得先见一见兰格。"兰格的声望可见一斑。

作为纵横生命科学领域的资深玩家,兰格听完罗西的报告,立即意识到mRNA技术用来改造干细胞只不过是冰山一角,它有治疗所有疾病、拯救成千上万生命的潜力,也能创造不可限量的商业机会。面谈结束后,兰格当机立断,决定利用自己的人脉组一个大局。兰格邀请入局的第一人就是金主爸爸、著名生物医疗风投机构Flagship Pioneering创始人兼首席执行官阿费扬(Noubar Afeyan)。

老朋友果然英雄所见略同,阿费扬也非常认可mRNA技术,短短几个月后,就毅然决然地和罗西、兰格在2010年共同创立了莫德纳。

公司成立后,头等要事自然就是广纳人才。谁有本事驾驭这未来mRNA领域的独角兽呢?阿费扬一直特别欣赏法国诊断公司BioMerieux的首席执行官班塞尔(Stéphan Bancel)的管理才能,之前也曾多次发出邀请函,但班塞尔的眼光颇高,那些小格局的公司根本入不了他的法眼。

mRNA是能改变世界的技术,阿费扬再次想到班塞尔,而这个墙角挖得也不容易。毕竟班塞尔是BioMerieux的掌门人,名声在外,公司市值近30亿美元,员工有6000多人,而莫德纳才刚刚起步,全公司只有一名科学家!

但阿费扬毕竟是"老江湖"了,经验丰富,在他各种表决心、画大饼、聊情怀、推心置腹的攻势下,班塞尔居然同意了。他破釜沉舟,放弃了光鲜亮丽的高薪职位,欣然加入这家名不见经传的初创企业。之后靠着自己的个人魅力和声望,班塞尔又吸引了一批学术界知名人士的加入,其中就包括2009年诺贝尔生理学或医学奖得主索斯塔克(Jack Szostak)。

背靠着Flagship Pioneering这座金山,班塞尔心无旁骛引领着莫德纳往前飞奔,致力于解决mRNA技术的三大核心问题。

第一个核心问题是专利问题。生物技术公司长期发展的立身之本就是拥有稳定的专利。与拜恩泰科一样,莫德纳最初也是拿到卡里科的mRNA修饰专利授权进行研究。如果未来要一直依靠别人的专利,难免会受制于人,不是长久之计。通过不懈努力,莫德纳终于成功找到替代伪尿苷/5-甲基胞苷修饰的化合物1-甲基假尿嘧啶,拿下专利,解除隐忧,为建立mRNA王国打下了坚实的根基。

第二个核心问题是mRNA传递问题。mRNA药物传递一直是阻碍其发展的关键瓶颈。裸露的mRNA很容易被细胞外RNA酶降解,哪怕进入细胞,也容易在溶酶体聚集,抵达不了发挥作用的地方。对于短小RNA分子来说,脂质纳米粒是有力的递送工具,但mRNA身材过于修长,动辄长达几百上千个碱基,可想而知,难度系数非常大。

初创阶段的莫德纳开发自己的递药技术平台实在困难,不仅有人力层面上的,还有资金层面的限制,所以只能靠外部引进。当时莫德纳大概看了十几个递药技术平台,最后选择了Arbutus/Acuitas。

随着内部研究人员的持续发力,莫德纳最终拥有了属于自己的递送技术，与传统方法比，逃离溶酶体聚集的效率要高25倍。相比之下，CureVac和拜恩泰科还是分别依赖Genevant和Arcturus/Acuitas。

第三个核心问题是调控蛋白酶的产量。mRNA不管是作为疫苗还是药物，直接发挥作用的，归根结底还是蛋白酶，因此蛋白酶的产量需要严格把控，多了有毒，少了没用。但多少mRNA能产生合适水平的蛋白酶，是一个全新的议题。为了解决这个问题，莫德纳正在利用机器学习，对mRNA序列如何控制蛋白产量进行建模，为之后的精准调控铺路。

从2010年低调成立，2012年对外曝光，2018年首次公开募股创下了生物科技史上最高纪录，再到2020年新冠疫情中高调出圈，莫德纳仅用十年时间就成为市值百亿美元的"独角兽"企业，创造了继基因泰克后的又一传奇。

毋庸置疑，莫德纳几位创始人的背景让莫德纳赢在起跑线上，但也离不开管理层对技术的无限执着以及坚持掌握主动权的理念；而新冠疫情的暴发也给了莫德纳一个向世界展示的机会，要知道，莫德纳多年来一直处在舆论的风口浪尖上。毕竟在还没有任何一款临床产品的情况下，就轻易收获几十亿美元的估值，难免落人口实。

mRNA技术能否扛起攻克癌症的大旗？

mRNA新冠疫苗让莫德纳和拜恩泰科等创新先锋顺利出圈，但mRNA疫苗不限于新冠病毒或其他病毒，癌症治疗性疫苗其实是各大公司全力火拼的赛道，特别是在落地"个性化疫苗"这个大工程上，

mRNA有着它独特的优势。

癌症疫苗刚起步时，基本都瞄准"共享"肿瘤抗原，也就是说，从不同患者癌细胞抗原里挑选几个出现频率高的，寄希望于某种特定的广谱（通用）疫苗能发挥神力，以不变应万变。然而，癌细胞最烦人的特性就是善变，不同患者的癌细胞抗原大相径庭，同一患者的癌细胞在不同阶段也变化无常，哪有那么容易对付。

因此，近几年又有了"个性化疫苗"这个新概念，也就是说，先比对患者癌细胞和健康细胞DNA，鉴定出特异性抗原，然后定制化生产针对特异性抗原的疫苗，注射到患者体内，训练免疫系统去"干掉"携带抗原的癌细胞。

此等顶尖技术理论上没毛病，实际操作起来没那么容易，最大的关卡就是"时不待患者"。如果疫苗制备时间太长，一来晚期患者可能等不了这么久，二来癌细胞指不定又突变出新的"幺蛾子"（抗原），之前的疫苗不一定有效。

和时间赛跑这件事，mRNA已经在新冠疫情中充分证明了自己的实力，完全有信心在和其他癌症疫苗选手的竞争中脱颖而出。毕竟基于细胞、病毒、细菌、蛋白酶/多肽的癌症疫苗不比mRNA机智，能利用人体细胞这蛋白酶生产的全天然工厂，大大降低合成复杂性，缩短耗时。

那mRNA癌症疫苗的战绩如何？

拜恩泰科可谓一鸣惊人。2017年发布的结果显示，首批接受个性化mRNA癌症疫苗的13名晚期黑色素瘤患者，所有患者都出现了针对疫苗的免疫反应，其中八名患者的肿瘤已经消失且23个月内无复发,其余五名患者由于接种疫苗时肿瘤已经扩散,有两名患者肿瘤缩小,其中一名患者接受辅助治疗后肿瘤完全消退。

莫德纳自然也不甘落后,正在和默克强强联合,共同开发个性化癌症疫苗,2020年公布的中期数据也可圈可点:在十名HPV头颈部鳞状细胞癌患者中,一半患者的病情得到了缓解。

经过约40年的不懈努力,mRNA技术终于迎来全新篇章。从新冠疫苗起步,到癌症治疗,未来,mRNA技术可能如兰格和卡里科等人所期待的那样,逐步涉足更多疾病领域。

现阶段,mRNA技术还有很长的路要走,疫苗获批完全得益于新冠疫情大背景下的紧急使用授权,个性化癌症疫苗在更大规模的临床试验中交出的答卷没有达到预期:108例可评估的实体瘤患者中,只有九例有反应。再说了,疫苗其实是mRNA疗法层次较低的应用目标,毕竟只需要生产少量目标蛋白就可诱导免疫反应,如何利用细胞工厂生产更大量的蛋白酶,依旧悬而未决。

好在mRNA新冠疫苗获得成功之后,政府和投资者可能会更热衷于支持mRNA技术,加速释放其更大潜力,使之成为真正的规则改变者并占据主导地位。

第三部分 /

创新疗法

- 菌群疗法

- 外泌体

- 基因编辑

免疫疗法作为后起之秀,颇有和放疗、化疗、靶向疗法一争高下的势头。然而,免疫疗法要更上一层楼,有些谜团不得不解开。

以PD-(L)1抑制剂为例,别看它上市以来,在全球最畅销药物排行榜上,总名列前茅,业绩随便一冲就是上百亿美元的销售额。但和其他创新药物殊途同归,这家伙依旧摆脱不了耐药的命运。更离奇的是,PD-(L)1抑制剂的耐药性和我们肠道微生物息息相关,这些微生物甚至还能左右PD-(L)1抑制剂的疗效。比如,用了广谱抗生素的患者,肠道菌群会乱套,PD-(L)1抑制剂的药效也会大打折扣。谁曾想,看似八竿子打不着的肠道微生物,还大摇大摆"遥控"起抗癌药物来了。

如果说PD-(L)1和肠道菌群的缘分是场意外的邂逅,那mRNA癌症疫苗和药物传递却是经历了数十年风风雨雨才修得成果。

伴随亿万人接种了莫德纳等公司研发的mRNA新冠病毒疫苗,mRNA作为疫苗关键元素家喻户晓。新冠疫苗的mRNA能让人体细胞生成新冠病毒蛋白,从而激发针对新冠病毒的免疫反应而达到预防效果。mRNA新冠病毒疫苗背后的无名英雄脂质纳米粒(Lipid

Nanoparticle，简称 LNP），其实才是真正力挽狂澜的功臣。

正是借助脂质纳米粒领域积累的长达数十年的经验，mRNA 新冠疫苗才得以站在前人的肩膀上，在病毒基因组序列发布后不到一年就取得成功。脂质纳米粒作为新冠疫苗成功背后不可或缺的推手，自然也就成了专利争夺的香饽饽：mRNA 新冠疫苗大获成功后，Alnylam 等公司直接一纸状书，将莫德纳告上法庭。

Alnylam 哪来的底气，控告莫德纳的新冠疫苗侵犯了它的专利？这还得从 mRNA 的另一家庭成员 RNA 干扰说起。

20 世纪 90 年代末，斯坦福大学的菲尔（Andrew Fire）和马萨诸塞大学医学院的梅洛（Craig Mello）发现某些特殊 RNA 分子能与目标 mRNA 结合致使其降解，导致特定基因表达沉默，因此给创新疗法打开了一扇大门，即通过 RNA 干扰来抑制致病蛋白。众望所归，菲尔和梅洛双双斩获 2006 年诺贝尔生理学或医学奖。然而，若要再往前一步，安全递送这道关卡必须得过。

彼时已初露锋芒的脂质纳米粒是否能担此重任？20 世纪 80 年代初，加拿大科学家卡利斯（Pieter Cullis）发现，抗癌药物可扩散到脂质纳米粒并滞留在空腔中。将包裹了抗癌药物的脂质纳米粒注射到体内后，脂质纳米粒可顺利进入癌细胞并释放出药物。于是 1995 年，第一款获批的基于脂质纳米粒的抗癌药物 Doxil（脂质体阿霉素）诞生了。

但 RNA 和抗癌药物可不一样，它们是带负电荷的分子，而人体细胞表面的细胞膜也带负电荷，同性相斥，RNA 分子想要穿过细胞膜，困难重重。卡利斯便开始琢磨，在脂质纳米粒加入正电荷脂质后,是不是可以平衡带负电荷的RNA？想法很合理,但存在一个问题,自然界中压根没有阳离子脂质,并且长期使正电荷脂质会撕裂细胞膜,毒性后果不堪设想。

这到底该如何是好？彼得明白凭借一己之力太难,便和Inex和Protiva的同事合作,一同寻找解决方案。试想一下,如果有这么一种脂质(称为可电离脂质),细胞内部酸性环境可给其暂时戴上正电荷的"帽子",但在其他条件下,比如血液中,还是保持中性,是不是问题就迎刃而解了？理想很丰满,现实很骨感,实验室表现不错的可电离脂质纳米粒真枪实弹上临床却不尽如人意:还是没能逃出副作用的噩梦。于是,一切又再次陷入僵局。

好在2005年,Alnylam作为RNA干扰的领军企业,刚好也在苦苦寻觅新型脂质纳米粒来突破RNA干扰药物的开发瓶颈。于是英雄相见恨晚,Alnylam和Protiva及Inex一拍即合,红红火火开启合作,一口气制造了300多个可电离脂质。然而好景不长,因为RNA干扰药物开发投入巨大,收效甚微,罗氏等大药企失去耐心,在2010年大幅度缩减研究费用。2016年,Alnylam在研药物在一项临床试验中出现患者死亡事件,RNA干扰领域的发展雪上加霜。

直到2018年,经历了多年起起伏伏的Alnylam才绝境逢生,其在研产品Onpattro总算获准上市,成为全球首款RNA干扰疗法。同时也向世界宣布,脂质纳米粒在科学家们几十年坚持不懈的培训下,总算扛起递送RNA干扰的大旗,之后也就有了莫德纳等企业的接力,在mRNA递送上再下一城,彻底将这个领域盘活了。

当然，科学的脚步从来都是马不停蹄，无论是克服 PD-1 抑制剂的耐药性也好，还是寻找新一代药物传递载体也罢，本章将一探究竟，看看最前沿的创新疗法正在如何改变抗癌药物的治疗策略，为患者带来更为个性化和精准的医疗方案。

第 14 计

变废为宝

　　"世界上没有垃圾,只有放错了位置的资源。"这是一句广为流传的心灵鸡汤,经常出现在各种语境之中,还有很多衍生体。但是,如果你仅仅把它当作"鸡汤",我建议你去互联网上搜一搜幼儿园小朋友的"变废为宝"活动。或许,孩子的想象力和创造力会让你惊叹和震撼,同时你也会重新审视这句"鸡汤"的含义。事实上,变废为宝的理念在环保、能源、材料、设计等诸多领域,都有广泛的应用实例。人体,作为一个复杂的有机系统,时刻都产生着"垃圾"。今天,我们要讲一讲将人体内的"垃圾"变废为宝的探索。这里有一则温馨提示,为避免不良反应,不建议进餐前后阅读本章哦。

肠道菌群和免疫疗法的关系近些年才浮出水面,但肠道菌群和人类疾病千丝万缕的联系倒也不是新鲜事了。比如听起来不大"体面"的粪菌移植(Fecal Microbiota Transplantation,简称FMT),在部分疾病治疗领域已经大显神威。

粪菌移植听起来让人反胃,但它的治疗原理和一款美味食品的作用殊途同归,那就是超市促销必有一席之地的酸奶。在形形色色的酸奶广告中,益生菌无疑是最大卖点之一,打着相同旗号的还有风靡全球的益生菌胶囊。

粪菌移植和酸奶、益生菌胶囊一样,目的就是邀请更多"好"菌友们入群。菌群/微生物群在我们出生的那一刻就与我们结下不解之缘。每个人都有自己独特的微生物群档案。如果是顺产的孩子,出生后定居体内的主要是母亲产道及消化道菌群;如果是剖宫产生下的孩子,则和母亲皮肤菌群有着更为亲密的关系。孩子出生后,体内微生物群通常会在几年内有所波动,接触到的食物和环境等都会影响菌群的组成。一般地说,出生一年内就会有500—1000个菌种定居于胃肠道。断奶后,孩子体内的微生物群逐渐趋于稳定状态,形成个性鲜明的微生物群特征。

重大生活方式改变或疾病也会迫使微生物群做出反应。我们的皮肤、鼻腔、肠道等部位共存着数万亿微生物小伙伴,它的基因数量是人体基因的100多倍,细胞数也远远多于人体细胞数。可想而知,微生物群对人体有举足轻重的作用,因此被视为人体的"新器官"。

人体大管家

微生物群作为人类"第二基因组"的贡献者,不难想象,与人体健康及诸多疾病息息相关,比如肥胖、炎症性肠病、孤独症、帕金森病、癌症等。这层关系很早被发现,但"微生物药物"这个概念,一直到近些年测序技术加持下,才得以发展成生物制药行业中颇受追捧的领域,成功吸引了盖茨(Bill Gates)和扎克伯格(Mark Zuckerberg)等硅谷大亨的注意,他们纷纷为相关研究投资捐赠。

随着微生物群研究的深入,一些乍听匪夷所思的假说也得到初步认证。

第一,母乳喂养的功臣找到了,是双歧杆菌。

巴氏杀菌处理出现后,21世纪初,模拟母乳的婴儿配方奶粉产业得以蓬勃发展,时至今日,各种配方奶粉已入寻常百姓家。但全球范围内提倡母乳喂养的声音经久不衰。说到母乳的益处,其中丰富的蛋白质自然功不可没,潜伏在母乳中的益生菌(双歧杆菌等),其功劳也不可小觑。

说到双歧杆菌,就不得不先聊聊母乳低聚糖。母乳低聚糖的盛名离不开它的关键技能:刺激有益菌群(比如双歧杆菌)生长,帮助有益菌群顺利在婴儿肠道落户。

双歧杆菌除了能增强免疫和改善胃肠道功能外,还有"隐藏款"的功能。2019年,一群芬兰科学家分析了301名婴儿的粪便,发现双歧杆菌比例高的婴儿有更多的"正能量",反之则容易感受到恐惧等负面情绪。当然,这只是小样本探索,表明的是相关性,不是因果关系,不过,有关微生物–肠–脑轴与社会行为的关系被广泛研究,微生物群和社会行为之间的联系逐步建立起来。

第二,找到了经长途跋涉到大脑捣乱的蛋白。顺着微生物–肠–脑轴这条通路继续探索下去,2019年,约翰斯·霍普金斯大学的一项研究刷新了认知。

帕金森病患者大脑中往往会出现异常折叠的α突触核蛋白。早在2004年,α突触核蛋白游走假说已经问世。假说认为,有害的α突触核蛋白可从胃肠道通过迷走神经传播到腹侧中脑,然后选择性杀死多巴胺神经元。假设终归是假设,苦于没有理想的小鼠模型来验证。

时隔15年,约翰斯·霍普金斯大学的科学家成功建立新的小鼠模型,于是迫不及待来验证这一假说:将α突触核蛋白注射到小鼠十二指肠和胃的肌肉层后,果不其然,α突触核蛋白顺着迷走神经直接溜达到大脑,导致产生多巴胺的神经元大量死亡,于是小鼠出现了认知和运动障碍等帕金森病症状。这进一步验证了肠道微生物群和大脑之间的交流不是隔空对话,而是有线沟通。

第三,解释了为什么辛苦熬夜反而胖了。微生物和体重之间的故事已不是什么新鲜事。早在2004年就有研究表明,在相同的食物摄入量的情况下,无菌小鼠体内的脂肪含量显著低于正常小鼠。究其原因,是肠道微生物可调节脂肪吸收与储存。2021年,以色列科学家也在人体临床试验中发现,通过节食运动瘦身成功后,如果能再狠下心来服用自己的"粪便胶囊",则可降低体重反弹幅度。

那微生物如何调节脂肪吸收和储存呢?顺藤摸瓜,科学家发现这和生物钟密切相关。要知道生物钟被打破后,一系列包括肥胖在内的代谢相关性疾病就会乘虚而入。

支持此理论的证据之一来自得克萨斯大学西南医学中心在《科学》杂志上发表的研究。研究发现,肠道中得革兰氏阴性菌可产生鞭毛蛋白等物质,通过一系列信号传导,促进小肠上皮细胞摄取脂肪酸,以及储存脂肪。好巧不巧,打破生物钟刚好会提高肠道中革兰氏阴性菌的丰度。这也就意味着,熬夜虽然辛苦,但被扰乱的生物钟给了革兰氏阴性菌乘虚而入的机会,进而导致堆积脂肪堆积,引发肥胖。

第四,发现了返老还童的长寿菌。2021年,两篇重磅研究论文横空出世,试图揭开长寿秘密。先是日本科学家辛苦找来160位百岁老人(均超过100岁,平均年龄107岁),以及112位85—89岁的老年人,还有47位年轻人(21—55岁)。

这样大动干戈到底是为什么?原来是基于一个大胆猜测:百岁老人长寿的线索可能就存在于肠道微生物群。通过比较,果不其然,百岁老人排泄物的微生物群富含能够产生独特胆汁酸的微生物,而这些微生物会阻止炎症和与衰老相关的疾病。

当然,此研究有一定局限性,比如幸存者偏差:百岁老人如假包换,但研究中其他组别的人是否会成为百岁老人,这还是未知数,需要长时间的纵向调查来验证。

另一项小鼠实验提供了更为直接的证据:将少年鼠(3—4个月)

粪便微生物群移植到老年鼠（19—20个月）体内后，成功逆转了与衰老相关的生理变化，改善了认知行为。值得提醒的是，此类研究还停留在概念阶段，年轻人切勿打自己排泄物的主意。

臭名远扬的粪便药丸

粪便药丸的起源大约可以追溯到公元4世纪的中国。尽管还没有微生物这个概念，当时民间所谓治疗腹泻的"黄汤"，其实就是含有大量活菌的粪便浆液。东晋时期葛洪所著的《肘后备急方》便描述了人粪治疗食物中毒、腹泻等案例，中医典籍《本草纲目》也记载了20多种人粪治病的疗方。

类似方法在第二次世界大战期间也用于非洲，据报道，该地区德国士兵和游牧民族使用骆驼粪便治疗严重的痢疾。1958年，科罗拉多大学外科医生艾斯曼（Ben Eiseman）团队利用粪便灌肠剂成功治疗了四例严重的伪膜性肠炎患者，开启了现代医学人粪治病的新篇章。

之后半个世纪里，此类疗法被正式命名为"粪菌移植"。2013年，凭借在治疗艰难梭菌感染（Clostridium Difficile Infection, 简称CDI）的突出成绩，粪菌移植被列入美国治疗艰难梭菌感染临床指南。盛名之下，医疗机构纷纷跟风，甚至有人在网络上公布制备粪悬液和灌肠的方法，鼓励患者在家做自助式粪菌移植治疗。面对这种纷乱现象，美国监管部门采取行动，发布了公开声明，要求医生采用粪菌移植前必须提出新药研究申请。至此，粪菌移植走上了规范之路。

过去十年中,粪菌移植被广泛应用于治疗耐药性艰难梭菌感染,其疗效高于90%。相比之下,抗菌药物就相形见绌了:25%患者在初始疗程后复发,多次复发患者后续复发率超过50%。因此,粪菌移植投入使用以来,每年仅在美国就有约4.8万例应用。

当然,"新"疗法的发展难免具有戏剧性,其中一个颇受诟病的插曲就是"野生化"运动。

"野生化"运动的标志性事件来自2017年《科学》杂志有关哈扎人微生物群研究的论文。通过研究世界上仅存少数传统狩猎人群之一的哈扎人,作者得出两个结论:第一,哈扎人体内的微生物群存在季节性变化;第二,哈扎人体内的微生物群和工业化城市居民的微生物群大不相同。

论文作者之一索南伯格(Justin Sonnenburg)接受采访时提到,传统狩猎人群中部分微生物群非常丰富,而在发达国家人群中却稀有,甚至消失。随着工业化的发展,我们正在无可挽回地失去这些微生物。

论文另一作者利奇(Jeff Leach)身体力行,直接用自己做实验。他曾充满诗意地描述:2014年的一个晚上,当太阳从坦桑尼亚的埃亚西湖上落下时,我将装满哈扎人粪便的注射器插入体内。利奇这么做,是试图通过改造体内微生物群来预防现代社会慢性疾病。之后利奇深陷性丑闻,慢慢消失于大众视野,利奇和哈扎人的故事也告一段落。

随后,2018年发表在《细胞》杂志上的一篇论文中,人类微生物组教授布拉泽(Martin Blaser)再次展示了"野生化"的理由:由于广泛使用抗生素、加工食品,以及缺乏膳食纤维的饮食,工业化社会中人类微生物组更容易受到疾病侵袭,并强调野生化人类微生物组返璞归真,必须成为生物医学的优先事项。

无论是从医疗还是道德角度,"野生化"运动引发了激烈争论。反对的声音不绝于耳,先是攻击其证据不够充分,比如说哈扎人不能完全重现工业化前的人类状况。更多不满来自道德方面的批判,一些人类学家给"野生化"运动打上"掠夺性"的标签,认为这是研究人员收集土著人数据的另一个案例,是对哈扎人弱势群体赤裸裸的利用。

无论怎样,粪菌移植已成为主流医学的一部分,各种升级版应运而生。比如SER-109是一种口服微生物组合药丸,可免去传统结肠镜递送的不便。2022年年初,《新英格兰医学杂志》报道,艰难梭菌感染安慰剂组中的复发比例为40%,而在SER-109组中仅为12%。这么好的表现当然被认可,SER-109在2023年4月获批上市。

免疫疗法的好朋友

毋庸置疑,微生物群疗法在艰难梭菌感染治疗等领域大放光彩。从市场来看,肿瘤学领域具有更大潜力。可喜的是,同样火热的肿瘤免疫疗法,不知不觉中,和微生物疗法碰撞出了火花。这强强联合,会带给我们什么样的惊喜呢?

微生物和肿瘤免疫疗法第一次关键性会面发生在2015年。《科学》杂志于11月"背靠背"发表了两篇论文,分别来自美国和法国。芝加哥大学研究团队发现如果将双歧杆菌给小鼠口服,结合PD-1抑制剂,可共同消除肿瘤。法国研究团队则发现,另一个CTLA-4抑制剂对服用抗生素或无菌小鼠并无效果,除非额外给小鼠补充多形拟杆菌等肠道微生物。

在动物实验出奇效果的启发下,科学家们继续深耕,研究对象从小鼠升级到癌症患者。2017年年底到2018年年初,《科学》杂志又公布了三项重磅研究。

研究发现使用过广谱抗生素的患者肠道菌群紊乱,最终导致PD-1抑制剂药效大幅度降低。芝加哥大学研究团队对比了转移性黑色素瘤患者接受免疫疗法前后的肠道菌群变化,发现对免疫疗法有反应的患者,其体内生长的双歧杆菌、产气柯林斯菌等数量更多。有意思的是,将这些细菌分离出来移植给小鼠,免疫疗法效果也"变得杠杠的"。

此外,科学家们还做了小鼠"化身"的尝试,也就是将免疫疗法应答者和无应答者患者的粪便分别转移到无菌小鼠。接受无应答患者粪便的小鼠一脉相承,对免疫疗法无动于衷,但继承了应答患者粪便的小鼠则疗效良好。

既然微生物群和癌症患者的肿瘤免疫疗效有关,那是不是可以顺着这条思路,通过改变肠道菌群来刺激患者对免疫疗法的反应?于是菌群移植又迎来一展拳脚的好机会。

以色列研究团队率先有了在人体进行测试的想法,于是收集了两名转移性黑色素瘤患者的粪便样本。这两名患者被选中的原因是他们接受PD-1治疗后,表现出完全缓解达一年以上。暂且叫他们捐赠者A和捐赠者B。有意思的是,接受捐赠者A粪便移植的5名患者中有3名患者重获对PD-1的反应,但接受捐赠者B粪便移植的5名并不能复制。另一研究中,16名患者中6名患者接受粪便移植后也获得了临床益处。

虽然取得一定成功,微生物疗法迄今的成就还远未达到人类预期,更多谜团有待解开。比如患者体内微生物组变化能引发疾病还是疾病导致的结果,也就是"鸡生蛋、蛋生鸡"的经典命题。此外,人体微生物可是亿万级别的,如果有确凿证据证明某些微生物能治疗癌症或其他疾病,又如何确保这些外来菌能够和体内生活多年的土著菌火拼幸存,而不是匆匆过客? 事实上,从对益生菌的研究来看,部分人群对外来菌的接受程度颇高,而部分人群盐油不进,外来菌根本没机会落脚。

有关微生物疗法和肿瘤免疫的碰撞,更扑朔迷离。为何上文提到的捐赠者A和捐赠者B的粪便移植效果大相径庭? 论文给出了一定解释,但一环扣一环,更多疑问会陆续出现。又比如说,不同研究组寻找助力PD-1疗法的友菌时,哪怕是同样的癌症类型,发现的友菌种类也不尽相同。

现阶段,兴许最好的方式是留出时间和空间让微生物研究自由生长,在没有足够批判性评估的情况下,过度推崇和夸大其词的广告就好比在冒险冲浪,不仅对发展无益,还会损害迄今为止所做的努力和尝试。

特洛伊木马

　　公元前13世纪,"世间最美丽的女子"海伦被特洛伊王子帕里斯从希腊带到了特洛伊,由此,特洛伊战争爆发。希腊诸王率领军队围攻特洛伊城,特洛伊人奋起反抗,抵挡住希腊人一轮又一轮的猛烈攻击。这场战争持续了整整十年,是历史上最为著名的战争之一。最终,希腊人凭借"特洛伊木马"之计扭转了局势。在一次攻城后,希腊军佯装撤退后留下一只巨大的中空木马。特洛伊人不知是计,便将其当作战利品带回城内。当特洛伊人歌舞升平庆祝胜利时,埋伏在木马中全副武装的希腊兵杀死了睡梦中的守军,打开了城门迎接城外接应的军队,轻松拿下特洛伊城,赢得了最终的胜利。你万万想不到,诡计多端癌细胞居然对特洛伊木马计烂熟于心。

癌细胞搞特洛伊木马，它们的计谋是如何做到滴水不漏的？靠的就是外泌体（Exosomes）。

所谓外泌体，其实是细胞分泌的直径为30—200纳米的膜包裹结构，早在20世纪60年代就有记载。30多年前，科学家在研究血细胞成熟过程中发现了外泌体，当时认为外泌体的作用只是帮助细胞丢弃不需要的"垃圾"。接下来十年里，外泌体只能忍辱负重，戴着"细胞垃圾桶"的帽子。

21世纪以来，源源不断的证据表明，这些"垃圾桶"其实是"快递小哥"，有着将信息投递到身体各个组织的重大使命。值得注意的是，癌细胞的"快递"数目远远高于正常细胞。诡计多端的癌细胞究竟在秘密地撺掇什么阴谋？而科学家也谋划一个"以其人之道还治其人之身"的计策，将外泌体训练成液体活检的一匹黑马，还将它打造成为药物传递舞台上冉冉升起的新星。

明日之星"快递小哥"

细胞的"快递小哥"究竟在忙什么呢？细胞这个大仓库储存的包括各种核酸、蛋白质、脂肪等，只要有订单，无论风雨，外泌体都会尽职尽责地把它投递出去。

举个例子，早在1985年，研究者在探索网织红细胞向成熟红细胞转变的过程中发现，外泌体可以将转铁蛋白及其受体投递到细胞外。但可投递出去的目的和结果是什么却不得而知，因此在接下来的11年中，外泌体还是被当作"无用"的"垃圾桶"，无人问津。

直到1996年，外泌体喜迎伯乐法国科学家拉波索（Graca Raposo），才得以正名。拉波索发现免疫细胞释放的外泌体携带引发免疫应答至关重要的膜结合分子。也就是说，外泌体除了处理细胞垃圾外，可能还兼具通信功能。有意思的是，免疫细胞受到外界挑衅时，比如病毒感染，会释放与"岁月静好"时期截然不同的外泌体。至于面对挑衅而释放的外泌体，其具体肩负什么秘密使命，还有待破解。

1998年，法国古斯塔夫·鲁西研究所发现了另一种外泌体分泌细胞类型——树突状细胞，其外泌体可携带功能性免疫分子来促进小鼠的抗肿瘤反应。自此，外泌体和肿瘤的故事序篇开启，2013年更是迎来高光时刻：诺贝尔生理学或医学奖颁发给了三位科学家——美国科学家罗思曼（James Rothman）、谢克曼（Randy Schekman）以及德国科学家祖德霍夫（Thomas C. Südhof），表彰他们发现了外泌体运输的调节机制。

所谓外泌体运输，其实就是"快递小哥"物流模式这堂必修课。在日复一日、年复一年的工作中，机智的外泌体还发明了一种省时省力的物流模式。

如果直接运输蛋白质这种大包裹，会增添运输的难度。2007年，瑞典团队发现外泌体可将mRNA运输到目的地，再启动"翻译"程序，以mRNA作为模板，生产目标蛋白。这就好比一个任性的买主要求快递一架飞机,在快递公司没有航空母舰的情况下,只能把飞机零件运送过去,再配送几个能组装飞机的工程师。

除了mRNA外,外泌体还可以运输微小RNA,直接影响目标细胞的基因表达。以部队作战为例,mRNA就是一个小兵的角色。外泌体把mRNA运送到目标细胞以后,就开始扎营劳作,生产蛋白质。但微小RNA好比一个将军,进入目标细胞后,运筹帷幄,指挥成百上千的mRNA工作,从而精细调控目标蛋白生产线及细胞功能。

特洛伊木马

外泌体利用"打包式"通信手段,比广为人知的单分子(比如激素、细胞因子)传输显然更加有效。细胞中最精明的癌细胞又是如何打外泌体的算盘呢?2017年年底发表的一篇综述总结了癌症领域外泌体研究的大事件。从时间轴、密度来看,随着对外泌体重视程度的增高,近年来的突破性研究大幅度提升。

癌细胞的特洛伊木马计划包括发配外泌体到"原发战场"和"转移战场"。原发战场指的是原发肿瘤区域,而转移战场便是进军到其他器官。这个过程叫癌转移。

原发肿瘤区域的癌细胞部队有两大重要任务:第一是保证自身的野蛮生长;第二是为转移做好准备。为达到这两大目的,癌细胞对内要做好人力资源管理,对外要充当外交官的角色,和邻里搞好关系,以备不时之需。而外泌体便是其中很重要的通信员。

人力资源这块工作,癌细胞可谓得心应手,它们又是如何利用外泌体这个得力助手的呢？癌细胞和正常细胞很重要的区别就是癌细胞属于绝对的"超生游击队"。为了将让队伍所有同志响应"超生"指示，"超生先进分子"会慷慨地把自己的高繁殖秘诀，比如变异 *EGFR*，通过外泌体分享给"落后分子"，从而达到"全民超生"的繁荣景象。

作为优质的外交官，癌细胞处理国际问题也依靠外泌体这名大将，如癌细胞可释放含有转化生长因子-β(TGF-β)的外泌体，成功将成纤维细胞转化为成肌纤维细胞；而成肌纤维细胞为了达成友好建交，卖力地分泌生长分子和趋化因子来帮助肿瘤生长及转移。

另一方面，在面对"反抗分子"时，癌细胞坚决实施"铁腕政策"，利用外泌体将激活状态 *EGFR* 运输到巨噬细胞，从而抑制巨噬细胞先天的战斗力。最可恶的是，外泌体还能帮助癌细胞运输免疫抑制分子 PD-L1。本来 PD-L1 长在癌细胞上，癌细胞又没有双脚能随便跑，空间的局限性多少给了远处 T 细胞逃逸的机会。但癌细胞穷追不舍，还派出外泌体携带 PD-L1，一方面对 T 细胞进行远程攻击，另一方面在体内循环系统里拦截 PD-(L)1 抑制剂抵达癌细胞。

因其具备长途运输的功能，可想而知，外泌体在癌转移中也发挥着关键作用。事实上，外泌体的多篇重磅研究都与癌细胞转移有关。其中最具影响力的当数外泌体领域大神林登(David Lyden)团队，2015 年发表在《自然》杂志及 2019 年发表在《发育细胞》上的两篇大作。2016 年，林登还应邀访问了中国医学科学院北京协和医学院，在"协和大师讲堂"上做了外泌体相关的精彩报告，吸引了 500 多名科研人员及学生聆听。

提到癌细胞转移，自然绕不开著名的"种子和土壤"理论。此理论在 1889 年由佩吉特(Stephen Paget)提出。他发现,癌细胞转移并不是随机、任性的,而是具有器官倾向性。换句话说,就是某些原发肿瘤容易在特定的器官中产生新的病灶。比如说,乳腺癌细胞就倾向于转移到骨头、肺部和脑部。

神奇的是,转移站点如同等待种子发芽的土壤一样,为癌细胞的到来创造各种有利条件。这个现象背后的机理一直都是癌症研究领域的旷世之谜。

早在 2005 年,林登团队发现,在癌细胞到达之前,转移站点就密布类似外泌体的物质,貌似在为癌细胞接风。这些外泌体从哪里来?它和癌细胞转移又有什么关系?带着这些疑问,林登团队展开了十年探索之路。直到 2015 年,谜底才慢慢被揭开。

原来癌细胞在转移之前不敢贸然行事,便指使外泌体根据邮编(一种叫整合素的跨膜蛋白)找到地址,开始改造微环境,"筑巢引凤",使其更适合癌细胞生长。由于不同类型的癌细胞释放的外泌体携带不同的整合素,外泌体便可以选择性扎营。当癌细胞在血液或淋巴液里巡逻时,发现外泌体已经建设好的地点,才指挥大部队进驻。

癌细胞同谋者

和癌细胞一样,它的同谋也学会了特洛伊木马这一招。

第一个出场的就是头号同谋成纤维细胞。2012 年,发表在《细胞》杂志上的文章里提到,乳腺癌相关成纤维细胞(Cancer-Associated Fibroblasts,简称 CAFs)分泌的外泌体被乳腺癌细胞吞噬以后,能协助癌细胞促使肿瘤转移。除此之外，CAFs还大方地调度了好几位微小RNA大将军去辅佐癌细胞，编号分别为21、378e和143。

看上去笨拙的成纤维细胞被癌细胞利用，见怪不怪。万万没想到，按常理应该是足够聪明的脑细胞的一种——脑星形胶质细胞也被癌细胞给收买了，这真是实实在在的"脑子进水"了。至于怎么个"进水"法，就得提到MD安德森癌症中心余棣华教授团队。余棣华出身于中医世家，早年毕业于首都医科大学，是我国20世纪80年代很早一批出国深造的留学生之一。在MD安德森癌症中心攻读博士期间，可谓工作狂人，生第一个孩子的当天还在实验室工作，羊水破了才匆匆赶去医院。功夫不负有心人，1991年博士毕业后，她被破格录取为助理教授，现已晋升为代理系主任，成为MD安德森癌症中心为数不多的华人系主任之一。

余棣华教授团队在2015年发现了一件颇为蹊跷的事情：转移到脑部癌细胞中的肿瘤抑制基因*PTEN*表达下调，但神奇的是，一旦离开大脑，*PTEN*的表达就恢复正常水平。经过进一步研究，发现罪魁祸首就是脑星形胶质细胞，它能分泌携带微小RNA的外泌体，输送到肿瘤细胞中去压制*PTEN*的表达。

那么问题来了，这些非亲非故的细胞为何要去帮助癌细胞？是主动的还是被动的？如果是主动的，癌细胞到底给了什么"回扣"？如果是被动的，癌细胞又用了什么伎俩？遗憾的是，迄今为止这个问题还没有一个完美的解释。

癌细胞借助外泌体试图攻破人类生存的底线。所谓"水可载舟，亦可覆舟"，外泌体作为癌细胞精兵强将，反过来，人类是不是也可以把外泌体这个武器利用起来,以其人之道还治其人之身,倒打癌细胞一耙呢?

癌症靶向疗法的新宠

抑制外泌体可借鉴预防蚊虫叮咬的策略。第一招,直接杀死蚊虫,即破坏外泌体的合成和分泌。第二招,所谓不敌其力,而消其势。换而言之,就是留蚊虫一条生路,却让它的叮咬无害。若不能把外泌体扼杀在摇篮,就抑制它的进攻能力。第三招,涂上花露水,让蚊虫无法靠近。想象一下,释放出的外泌体无处可去,那就是没有任何威胁的流浪汉,而不是凶悍的霸凌者。

按照这个思路,我们也有三条策略。第一,破坏外泌体合成和分泌。

生产和分泌外泌体的机器由几位"工程师"操作,包括类肝素酶、液泡ATP酶等。类肝素酶在侵袭性肿瘤中高表达,并能驱动大规模的外泌体分泌,其具体机制还有待研究。但液泡ATP和外泌体合成的关系就更为清晰。它可以有效地促进多泡小体和细胞膜的融合,从而孕育出"爱的结晶"——外泌体。

庆幸的是,这几位"工程师"都有能压制它们的对手。类肝素酶的死对头——PG545和M402,在动物模型中成功显示出抗肿瘤转移活性。

当然,除对付外泌体外,类肝素酶还有其他和癌症有关的功能。而液泡ATP的抑制剂也已被证明可干扰外泌体释放,并具有改善耐药性的双重作用。

第二，用姜黄素调包外泌体。姜黄素，顾名思义，和姜有关，这是从姜科植物的根茎中提取的一种化学成分，是居家必用的好调料，也是几千年来我国和印度常用的传统草药成分。著名医药公司强生还生产过姜黄素创可贴，用来促进伤口愈合。

那这黄黄的、辣辣的东西和癌症有什么关系呢？因其有抗氧化和抗炎症作用，大量研究证明姜黄素对肿瘤发展的抑制作用。最近的研究表明，姜黄素还可以"狸猫换太子"，把癌细胞外泌体投递的、帮助癌症生长的危险包裹给换掉。

第三，阻断外泌体签收。要么在外泌体运输途中把它"干掉"，要么阻止它进入受体细胞。怎么在运输途中半路截和外泌体呢？一种方法是安插人造的外泌体，正牌外泌体以为遇到了同伴，趁着它放松警惕的时候捣乱。比如说，如果正牌外泌体携带微小RNA，就可以在人造外泌体里加入和这种微小RNA互补的寡核苷酸，紧紧抱住危险微小RNA，不让它去使坏。

当外泌体进入受体细胞时，会和受体细胞表面的硫酸乙酰肝素蛋白聚糖（HSPG）受体结合。显而易见，如用药物把HSPG受体的结合位点给占据，那外泌体就无从下手了；而肝素便是这可以和外泌体抢占山头的有力竞争者。

液体活检的黑马

作为靶向疗法的新选手，外泌体还差点火候，需要继续加油，才能真正不负众望，那它在液体活检这块表现又如何？

肿瘤液体活检,最大特点就是不动刀、只见血,也就是说,不需要从患者体内刮取组织,只需要取血。当下最流行的四种液体活检生物标志物分别是循环肿瘤细胞(CTC)、循环肿瘤DNA(ctDNA)/无细胞DNA(cfRNA)、循环RNA,以及这些年常上头条的肿瘤外泌体。获取样品后,通过高通量测序技术解密各种信息,以此侦查肿瘤行踪和动态来帮助诊断和对症下药。

2017年,"世界经济论坛"全球十大新兴技术榜单上,液体活检荣膺榜首。外泌体想从这四大液体活检家族中脱颖而出可不简单。

先说说老大哥循环肿瘤细胞,它是这几位里唯一的完整细胞个体,其信息量显然最全面。但哪怕是晚期癌症患者,每毫升血仅有1—10个循环肿瘤细胞。患者身体本来虚弱,靠大量取血获得足够样本,显然不现实。再者,想象一下要从上亿个白细胞、红细胞里找这屈指可数的循环肿瘤细胞,简直就是大海捞针。

那DNA和RNA呢? 姑且不追究同一患者运动前后血液里DNA/RNA都有差异的事实,也暂且设定未来技术可有效分离肿瘤以及正常细胞的DNA/RNA(正常细胞DNA/RNA约占血液总DNA/RNA的95%),能从这两兄弟得到的信息只是冰山一角。毕竟从DNA/RNA到蛋白表达,再到和微环境相互制约,是一个复杂的多因素调控过程。

外泌体是不是就是当之无愧的液体活检"神器"? 我们暂且卖个关子。先聊聊致力于外泌体肿瘤诊断的代表企业。

成立于2008年的Exosome Diagnostics是其中的明星,是一个着实多金又多朋友的主儿。短短10年,Exosome Diagnostics已完成亿级融资,广交朋友,医药界的巨头武田、默克、安进以及全球科研工作者都熟悉的供应商凯杰都是其座上宾。2017年8月,Exosome Diagnostics还加入了医疗保险界朋友圈,与保险商CareFirst互为盟友,以此推进其头牌产品EvoDx的商业化。

2016年1月,Exosome Diagnostics推出了世界首款从血液样本分离和分析外泌体RNA的液体活检产品,可灵敏、准确、实时检测非小细胞肺癌患者的EML4-ALK突变,而针对前列腺癌的,则是采取尿液样本来收集外泌体。

2020年,新型冠状病毒疫情期间,Exosome Diagnostics推出了"家用版"前列腺癌测试,可见其要保住江湖霸主的地位的雄心勃勃,难怪2018年,Bio-Techne给Exosome Diagnostics投来了2.5亿美元的橄榄枝,将其纳入麾下。

这家靠着外泌体发家的公司,并没有排斥同行,而是抱着合作的态度。2017年年底发表了一篇关于非小细胞肺癌患者中*EGFR*液体活检检测的研究。该研究表明,与检测循环肿瘤DNA相比,同步检测无细胞DNA和外泌体RNA,可将灵敏度提高10%左右。可惜的是,文章并没有展示外泌体RNA单独的检测灵敏度。

由此可见,尽管外泌体有它的优势,但合作才是硬道理。现在再回到之前提到的疑问,外泌体一点缺点都没有吗?显然不是。

与循环肿瘤细胞比较,外泌体在数目上有绝对的优势,但它的提取纯度和数量依旧不尽如人意。其次,外泌体来源于胞质,DNA含量更少,这也是为何Exosome Diagnostics会选择同时检测无细胞DNA和外泌体。再次,外泌体是来源于一系列基因多样的肿瘤细胞,如何在多异化中寻找信息也是一大挑战。

在一家独大的情况下，可想而知，若没有独门武器，很难抢占一席之地。在这种形势下，另一家公司 Peregrine Pharmaceuticals（2018年改名为 Avid Bioservices）与 Exosome Diagnostics 以核酸作为切入点的战略不一样，而是通过测量血浆中含有磷脂酰丝氨酸的外泌体水平来区分健康者和卵巢肿瘤患者，以全新的概念在外泌体诊断市场上分一杯羹。

概念认证实验中，分析了34名卵巢癌患者和十名健康受试者血浆外泌体表达磷脂酰丝氨酸的水平。结果显示，卵巢癌患者的外泌体磷脂酰丝氨酸的外泌体水平明显高于健康受试者。

变为武器

癌细胞可以释放外泌体作为武器，可别忘了，癌细胞也可以吸收外泌体。这就给了人类机会去设计外泌体，给癌细胞下毒。于是，江湖上出现了两位"黄药师"。

第一个叫 Codiak BioSciences，成立于2015年，最开始也是依靠外泌体诊断起家的，利用外泌体中的 *KRAS* 突变基因来诊断胰腺癌。借助日渐成熟的基因工程，Codiak 公司的创始人充分利用了中国古典智慧——以其人之道，还治其人之身。通过体外改造将特异靶向 *KRAS* 突变基因的 RNA 干扰偷偷安插到外泌体内，直接把 *KRAS* 突变基因敲掉。

提到这，懂行情的人就有疑问了。虽然 *KRAS* 属于"不可成药"

靶点,但这几年,AMG510和MRTX849等小分子药物都有不错的临床数据。再者,传递RNA干扰可以用别的载体,比如脂质纳米粒等。妙就妙在这里,外泌体是纯自然的,可防止被免疫系统排斥。

事实上,外泌体上有众人皆知的"不要吃我"小分子CD47有了这个标签,外泌体就不会被循环单核细胞生吞。

凭借外泌体的前沿研究,MD安德森癌症研究中心的团队在《自然》杂志连续发表了两篇论文。虽然中间掀起了一场沸沸扬扬的"作假"风波,但丝毫没有动摇投资人的信心,几年时间内,在没有任何临床试验的前提下,投资人已经下注1.68亿美元。Codiak还有望成为第一家成功上市的外泌体公司(原计划2019年上市)。

在蓬勃发展的道路上,Codiak不忘初心,也与时俱进。2020年6月宣布和罕见病精准基因治疗领域的明星企业Sarepta Therapeutics达成合作,共同设计和开发基于外泌体技术的基因疗法,用于治疗神经肌肉疾病,引起了新一波的外泌体和基因疗法双剑合璧的热潮。

作为新技术的开拓者,道路本就崎岖,加上市场条件不利,Codiak在2019年选择暂停上市计划,等到2020年10月才重启,募资8250万美元成功上市。然而好景不长,Codiak发展的关键节点刚好和席卷全球的新冠疫情迎面碰上,市场低迷,Codiak的临床数据虽然安全性还不错,但疗效层面远谈不上一鸣惊人,终究没能熬过生物技术行业的寒冬。2023年3月,虽然户头上还有几千万美元,但出于全局考虑,Codiak决定断尾求生申请破产,令人唏嘘不已。头部企业的负面新闻也给整个生物技术赛道带来了低沉的情绪。

另一家利用外泌体治疗癌症的公司Exovita Biosciences也成立于

2015年,它的治疗理念更为奇特。某年某月的某一天,新墨西哥大学特鲁希略(Kristina Trujillo)教授出于好奇,用癌组织附近五厘米处组织分泌的外泌体处理癌细胞。第二天醒来,意外发现癌细胞全"死翘翘"了。特鲁希略感到难以置信,可接下来在不同患者身上取的组织都有同样效果,并且这些外泌体对正常细胞没有任何副作用。

Exovita Biosciences成立以来势头很猛,同年便拿到170万美元的科研基金。可自此之后没有任何动静,这不得不让人担忧,会不会又是一场龙头蛇尾的演绎? 毕竟,这个故事精彩得让人难以置信。

除了利用外泌体治疗癌症,另一条思路是把外泌体当作药物的传递工具。

作为纯天然的载体,外泌体可逃避人体免疫细胞的追击。除此之外,外泌体还有潜力解决神经类药物的一个问题,就是穿透血脑屏障,并且在极端条件(比如酸、消化酶等)下生存,给实现口服提供了可能性。外泌体能不能够接棒脂质体再创辉煌,行业都在翘首以待。

《礼记·大学》云:"是故君子无所不用其极。"在和癌症斗争的历史里,人类做过无数次尝试,从小分子,到大分子核酸、蛋白酶,再到细胞治疗,而外泌体作为介于分子和细胞之间的微小结构,是不是一颗崭露头角的遗珠呢?

现阶段还有很多技术问题必须解决,其中,外泌体药物生产工业化(规模、纯度、成本、一致性和标准化)是目前面临的重大挑战。只有从根本上破解外泌体在肿瘤发展中的真实作用,后期临床才不是空中阁楼。然而,任重道远。

移花接木

　　最后一计了，我们先轻松一下，从猜一个字谜开始吧。谜面是"茶"，打一成语。想到了吗？对，谜底就是"移花接木"。移花接木的意思是把一种花木的枝条或嫩芽嫁接到另一种花木上，比喻使用一些手段，暗中更换人或者事物，以达到特定的目的。自从分子生物学家洞悉了基因的奥秘，开启了基因编辑技术的研究。如何在基因层面上实现"移花接木"，通过巧妙地剪切、拼接、改造、更换基因，治疗各种疾病，就成了科学家的课题。基因编辑技术一路走来历经坎坷，在法律、伦理和道德层面饱受争议。尽管如此，基因编辑仍然被认为是最有希望的技术，其应用前景非常广阔。未来在癌症治疗领域，基因编辑技术必将大放异彩。

2018年11月26日，时任南方科技大学副教授贺建奎宣布，其创造了世界首例免疫艾滋病基因编辑婴儿———对名为"露露"和"娜娜"的双胞胎。"世界首例"这份荣誉可不"简单"，哪怕不流芳百世，至少也能在科学史册上留下一笔。"首例免疫艾滋病基因编辑婴儿"的话题在新浪微博上贴出不久，点击量就超过12亿次。名不见经传的贺建奎，在"一夜成名"的康庄大道上火速前行，然而这"名"陡然来了个180°大转弯：不仅122名中国科学家发表联署声明，称贺建奎行为疯狂，他的言论"对于中国科学在全球的声誉和发展都是巨大的打击"，各大国际头牌媒体也口诛笔伐，有媒体直接质疑，"中国科学家贺建奎是否打开了潘多拉魔盒"。

这对名为"露露"和"娜娜"的双胞胎，父亲是艾滋病病毒携带者。在基因疗法的"帮助"下，这对双胞胎有望具有抵抗艾滋病毒的能力。乍一听，这应该是功德无量的事情，贺建奎反倒遭受"万夫所指"，之后还因非法行医被判三年有期徒刑，罚款300万元人民币。这到底是因为什么？基因疗法和癌症又有怎样的碰撞？先不要着急下结论。我们回顾一下基因疗法的前世今生，谜团自然慢慢揭开。

至暗时刻

回顾基因疗法的历史，整个行业曾伴随杰西这位年轻人的死亡，险些夭折于襁褓中。而威尔逊（James Wilson）便是这场悲剧的关键人物，他也是基因疗法发展道路上的领路人。

1998年，一个平常的日子，盖尔辛格（Paul Gelsinger）和往常一样走进儿子杰西的房间，发现17岁的杰西正控制不住地呕吐。盖尔辛格已经不是第一次眼睁睁看着儿子遭受此等折磨。

杰西从出生那天起，就注定要和疾病做斗争，不幸的他，被诊断为鸟氨酸转氨甲酰酶缺乏症（Ornithine Transcarbamylase Deficiency，简称OTCD）患者。光听名字，就知道这是一种极其罕见的疾病了，而且还会遗传。

与其他患者相比，不幸中的万幸是，杰西的肝脏能勉强产生少量鸟氨酸转氨甲酰酶，症状不是最严重。即便如此，杰西每天要服用将近50粒药，一旦停止服用，就有严重的后果。疾病像颗定时炸弹，让杰西及家人如履薄冰。

1999年，18岁的杰西站在了命运的十字路口：在一次例行身体检查时，他从医生那了解到宾夕法尼亚大学正在招募OTCD基因疗法的患者，如果成功，杰西可以彻底摆脱疾病的困扰，过上正常人的生活。热爱摩托车和职业摔跤的杰西，和许多青少年一样，有自己的主见和叛逆。"最坏的结果不过就是死亡"，杰西满怀希望地加入临床试验。他万万没有想到，迎接自己的竟然就是最坏的结果，而他参与临床的主导者就是宾夕法尼亚大学人类基因疗法研究中心的负责人威尔逊。

早在密歇根大学攻读博士学位时，威尔逊就着迷于基因疗法可创造的可能性：既然遗传性疾病是由基因异常引起的，那使用移花接木法，用正常基因代替突变基因把它给矫正过来，这样正常基因可以作为一个工厂来生产细胞因为基因异常缺失的蛋白质,从而纠正生化缺陷,问题不就解决了吗?

道理虽然简单,实践却不易,难就难在一个渠道。如何将基因成功又安全地传递到患者靶细胞,这成了威尔逊以及整个基因疗法领域面对的最棘手问题。

1990年,历史见证了基因疗法的重大里程碑:第一个基因疗法获得美国监管部门的临床获批,德席尔瓦(Ashanthi De Silva)成为首位基因疗法的获益患者。当时,四岁的德席尔瓦饱受严重联合免疫缺陷的折磨,生命危在旦夕。

公众对联合免疫缺陷的认知源于"泡泡男孩"维特(David Vetter)的报道。从呱呱坠地那一刻开始,维特就伴随着免疫缺陷,与任何病毒和细菌的接触对他而言都是致命的。因此,维特在短暂的12年生命中,只能生活在特制的无菌塑料泡泡中。和维特的命运不同,德席尔瓦幸运太多。得益于基因疗法,德席尔瓦的免疫系统得以正常运作,解除了泡泡禁锢,获得自由。至今已经过去30余载,她依然健康地生存着。正是基因疗法让德席尔瓦这样的孩子逃脱了悲剧宿命。

既然有了前人的成功经验,威尔逊自然信心满满,并选择了改良的腺病毒作为载体(病毒的致病遗传物质被取掉,只剩下蛋白外壳,所以不会致病),将OTCD基因传递到患者体内。同样对未来充满期待的杰西也迫不及待地飞往费城,迎接新生。然而,作为该临床研究的第18名患者,杰西接受了当时最高剂量的治疗后病情迅速恶化,腺病毒引发了强烈的反应。

奇怪的是,此前17名志愿者接受过治疗后并没有出现如此严重的副作用,动物验证实验也只有一只猴子死亡。事后威尔逊反思,兴许应该注射更少的携带 OTCD 基因的腺病毒,因为大剂量的腺病毒进入杰西体内后,便走上了悲剧性的错误道路。腺病毒虽然按照原计划进入肝脏细胞,但同时也警醒了大量的免疫哨兵巨噬细胞。于是巨噬细胞吹响喇叭,宣告有危险侵入,导致免疫系统发力过猛。短短四天时间,杰西就因器官衰竭不幸去世,这个项目也就此终结。

杰西悲剧事件持续发酵,引发了公众对基因疗法的极度憎恶,所有目光都聚焦到威尔逊身上,指责他为了追求商业利益,以及满足自己成为第一个治愈遗传疾病科学家的野心,拿患者生命做不必要的冒险,并没有告知患者及家属潜在风险,比如那只死掉的猴子。

威尔逊当年的导师山田忠孝(Tachi Yamada)虽然认定威尔逊是基因疗法的希望,也表示了顾虑:"威尔逊是一个高调的天才;你们都知道天才的下场是什么,一不小心就会成为众矢之的。"

可想而知,威尔逊的职业生涯跌入谷底,美国监管部门也将他拉入黑名单,禁止其接手任何临床试验。直到2005年,监管部门要求威尔逊写一篇"检讨书"反省过往,并公开发表在《分子遗传学与代谢》杂志上,才重新赋予威尔逊重启临床的权利,前提是需要有指定的监督人。当然,无论这个事件对威尔逊的负面影响有多大,都抵不上杰西家属的伤悲。正如杰西的父亲所说:"对威尔逊所言,你不会比我更糟,毕竟你并没有失去一个孩子。"

令人痛心的是,基因疗法才崭露头角,就得替威尔逊事件"背锅"。投资人闻风丧胆,整个行业不可避免地陷入低迷。

凤凰涅槃

当所有人都对威尔逊避之不及的时候,山田忠孝始终没有放弃这个得意门生,极力说服自己的东家葛兰素史克,再给威尔逊一次机会,最终为威尔逊争取到2940万美元的科研基金。

痛定思痛,威尔逊专注于寻找更安全的基因治疗载体,并将希望寄托于腺相关病毒(Adeno-Associated Virus,简称AAV)。AAV自从1965年被发现后,它的独特属性让其脱颖而出。首先,它是安全的,只会引发非常轻微的免疫反应(免疫原性低),并且尚无任何已知疾病和AAV有关(尽管我们大多数人都曾经被它感染)。其次,AAV有个小胆大的优势,扩散本事了得,还可以穿透血脑屏障进入大脑。再次,AAV家族庞大,不同家族成员(亚型)各司其职,AAV2在眼睛表现优异,AAV9则可掌控心脏,而AAV8在肝脏组织游刃有余。因此,可以对症下AAV。

威尔逊寻找优秀AAV的旅程中,离不开一位杰出华人科学家的支持,他便是现任马萨诸塞大学医学院教授、2019—2020年美国基因与细胞治疗学会主席、红瑞基因治疗中心主任高光坪教授。用威尔逊自己的话来说,是高光坪教授挖到了这座金矿。

高光坪1982年毕业于四川大学华西药学院,早年曾经尝试用针灸和中医来治疗患者,之后在世界卫生组织的资助下到美国继续深造。对高光坪来说,他的梦想就是寻找"下一代"药物。这个梦想在1994年高光坪踏入威尔逊实验室的那一刻逐渐明朗。

杰西事件发生后,威尔逊和高光坪意识到,虽然腺病毒比AAV递送基因的效率要高,但就免疫毒性来说,AAV却更为安全。如果想象下一代基因疗法的载体,应该是一种综合腺病毒高效与AAV安全性的结合体。目标明确,接下来就是日复一日、年复一年的测试。

2001年,当高光坪激动万分地宣布他找到新的AAV时,可能幸福来得太过突然,威尔逊第一反应是持怀疑态度。等高光坪将来龙去脉解释清楚后,威尔逊当机立断,让团队另一成员马上重复这个实验。结果证明,高光坪确实发现了一个全新的庞大的AAV家族,高达100多号成员。

接下来的一年里,威尔逊实验室每天的日常就是测试新AAV的基因转入效率,寄希望于找到和腺病毒媲美的潜力股,于是AAV7、AAV8和AAV9脱颖而出。尽管如此,彼时基因疗法依然没有彻底摆脱杰西事件的阴影,公众对威尔逊实验室的数据缺乏信心,对整个领域也不再抱有希望。加上这是全新的AAV家族,凭什么威尔逊运气那么好,刚好又被你们发现? 这样的质疑此起彼伏。

再次陷入困顿的威尔逊灵机一动:既然我的公众信用不够,那找个靠谱的担保人测试新的AAV,可信度不就自然而然提高了吗? 事情却远远没有那么简单,当年葛兰素史克给威尔逊提供资金,不是做慈善,附加条件就是在这笔资助下诞生的研究成果归这家制药大亨所有。也就是说,这些新AAV的背后主人其实是葛兰素史克,如果威尔逊计划让其他研究人员测试,需要得到葛兰素史克的批准。

葛兰素史克为了保护自己拥有新AAV的专属权,自然不会轻易让其他机构测试。好在威尔逊坚持不懈,最后说服葛兰素史克允许宾夕法尼亚大学通过《材料传递协议》来与学术界分享这些AAV。

众志成城,在争取到AAV分享权益后,基因疗法总算起死回生,好消息频频。回暖的资本也给了基因疗法从实验室走向临床的第二次机会，基因疗法的商业价值逐渐得到凸显。涉及金钱就容易伤感情，作为一家盈利的大药企，葛兰素史克敏锐地嗅到了资本的味道，不顾前情，又给威尔逊上了一课。

威尔逊忍无可忍，再也不想被葛兰素史克束手束脚，借助法律武器，成功在2009年收回了新AAV的所有权，名正言顺地成为新主人，并将这些AAV相关的知识产权授予一家名叫Regenxbio的新公司，一展拳脚，投身商业化运作。威尔逊团队的新秀高光坪也在2008年接受马萨诸塞大学医学院的橄榄枝，开启属于自己的基因疗法之旅。

重见光明

和杰西命运截然不同，哈斯(Corey Haas)和基因疗法的相遇却是天赐的恩惠。

哈斯来自纽约州北部，他和其他孩子不同，眼睛只能模糊地看到一些形状和阴影。而夺去他大部分视力的罪魁祸首是莱伯先天性黑朦症(Leber's congenital amaurosis，简称LCA)。LCA是一种遗传性视网膜眼疾，较为常见的是，*RPE65*基因突变导致的这种情况。在我国，大约每2000名儿童中，就有一位失明者，而其中五分之一是由LCA导致的。

*RPE65*基因有什么功能呢？我们先来回顾一下视觉周期。人能"看见"貌似发生在瞬息间，但背后启动了一个极其复杂、协同、集成、精密的程序：光线进入眼睛后，在角膜和晶状体的聚焦下，图像被倒置投射到视网膜；视网膜的感光细胞探测后转换成神经信号，经过视觉传导神经传导

至大脑,交给大脑分析,这样才有了"看山是山、看水是水"的表象。视觉周期能顺利闭环,很关键的一步就是通过*RPE65*基因指导生成的蛋白质,将一种维生素A衍生物转换成另一种分子,继而触发一系列化学反应,形成有效的神经信号。可想而知,如果*RPE65*基因突变或缺失,视觉周期就会受到影响,长此以往,视网膜结构也会逐渐退化,导致失明。

本该是调皮玩闹的年纪,哈斯却时刻与拐杖相伴,不能像同龄男孩一样踢球、骑自行车,甚至看清楚老师黑板上的字,对他来说都是遥不可及的。"他总是紧紧依靠着我或者妻子。"哈斯的父亲接受采访时曾感伤地表示。更残酷的是,如果不采取有效治疗措施,哈斯终有一天将彻底和光明告别。

2007年,就在八岁生日后不久,哈斯盼来了一次重获光明的机会:凯瑟琳·海(Katherine High)、马奎尔(Albert Maguire)和贝内特(Jean Bennett)等在美国、意大利、比利时三个国家开启了一项全球临床试验,试图通过AAV病毒将*RPE65*正常基因拷贝递送到患者体内,激活眼睛的光感受器。哈斯则幸运地成为其中最年轻的患者。

接受治疗后不到四天,哈斯去动物园游玩,让他惊喜万分的是,他终于看到红色的气球,甚至第一次感受到太阳光刺痛眼睛的感觉。术后一年,九岁的哈斯搭建乐高、参加少年棒球联赛,驾驶卡丁车,在家附近的林中小径徒步,再后来,他甚至可以和祖父一起参加感恩节的火鸡狩猎活动。基因疗法彻底改变了哈斯的生活轨迹,让他拥有了一个孩子本该享有的童年。

和哈斯同样幸运的,还有一起参加临床试验的其他11位患者,其中最年长的是44岁的莫尔豪斯(Tami Morehouse),术后她表示,虽然因为接受治疗的年龄偏大,效果并没有哈斯好,但她已经万分感恩。以前连出门迎接孩子都困难的她,总算实现了看到女儿打出漂亮本垒打的心愿,还能欣赏黄昏余晖。

接受同样的基因疗法,疗效怎么还与年龄有关? 其中一个原因是儿童退化的光感受器细胞比较少,LCA造成的损伤相对小,所以恢复能力更强。如病变到达一个点,患者只有很少的光感受器细胞,甚至没有健康的光感受器细胞,那基因疗法也就无力回天了。因此,要想治疗达到最佳效果,还得从娃娃时期抓起。当然,年龄太小也不行,小于12个月的孩子不能接受治疗,还是要等视网膜发育完全了再考虑。

哈斯等患者的积极结果,成功消除了困扰基因疗法近十年的阴影,于是一家名为Spark Therapeutics的企业再接再厉,经过漫长的临床Ⅰ期(2007—2012)到Ⅲ期(2013—2017)试验后,总算拿出可喜的成绩:29名接受RPE65基因疗法Luxturna的患者中,高达72%(27位)的患者视力得到显著改善,其中就包括参加过"美国达人"的歌手瓜迪诺(Christian Guardino)。

众望所归,Luxturna成为美国历史上第一个获批的基因疗法。在LCA等遗传性视网膜眼疾研究浪潮中,基因疗法应该是迄今为止最成功的,彻底改变了哈斯等患者的生活质量,但如果听到宣传说基因疗法可以"治愈疾病"这种说法,还是要保持谨慎。此外,在随访研究中发现,视觉敏感性在术后1—3年达到顶峰,之后逐渐减退,因此长期的作用暂不能盖棺定论。

其他遗传性疾病的治疗是否可以依葫芦画瓢,复制LCA的成功? 远远没有那么简单。还记得基因疗法行业之前是在哪里栽了个大跟头吗?

因为携带基因的病毒引发了人体的免疫反应。LCA更容易攻下，是因为眼睛是一个相对来说较为封闭的器官，因此注入的病毒更守规矩，不容易到处乱窜。

当然，有挑战归有挑战，基因疗法没有怕，其前行的步伐已不可阻挡。这些年，基因疗法在脊髓性肌萎缩症（商品名：Zolgensma）、甲型血友病（商品名：Roctavian）等领域也大放异彩，并已陆续获批。作为210万的"天价"基因疗法，Zolgensma因其突出的疗效，已经给3000多患者带去希望，并在2022年实现了高达14亿美金的销售额，着实给对基因疗法商业化价值存疑的人打了一针安心剂。而Zolgensma的成功便是基于威尔逊团队发现的新AAV9，真是"AAV可载舟，亦可覆舟"。威尔逊的人生起伏和AAV的成败同频前行。

2023年年底，经历了各种研发挫折、社会舆论热议的镰状细胞性贫血基因疗法也得到获批。美国监管部门给自己定了高指标，预计从2025年起，每年批准10—20个基因疗法，看来负责这块的官员们有得忙了。

基因剪刀咔咔发飙

最后我们来聊聊基因疗法和癌症之间错综复杂的交集。CAR-T免疫疗法的成功与基因编辑脱不了关系，而成簇规律间隔短回文重复（Clustered Regularly Interspaced Short Palindromic Repeat，简称CRISPR）就是连接两者的重要环节。

CRISPR如其名所述，就是一组规律间隔的DNA重复序列，存在于细菌内，特别是古细菌细胞内。但聪明的人类破解了这串神秘的密码，发现CRISPR可精确地剪切DNA,从而实现添加、删除或者替代特定基因序列的功能。因此,CRISPR有个别称——基因剪刀。

这把剪刀就好比一个拥有超级编辑能力的工具,找到DNA"乱码"后,"大剪阔斧"地对其进行修正。要实现精准编辑功能,CRISPR有两个必不可少的骨干,一个是实现定位的RNA分子,另一个就是拥有剪刀绝技的Cas(CRISPR-associated)蛋白酶,比如当下最流行的Cas9。RNA分子就像侦探一样,带着放大镜,在DNA这本"生命之书"里寻找"乱码",比如*RPE65*。一旦发现,RNA便将信息转达给执行者Cas蛋白酶,让其准确切割错误的部分。DNA都有个缺口,细胞自然不会坐视不理,于是就对其进行修复,粘贴一段正确的代码实现替换。这个过程是不是似曾相识? 简单来说,其实CRISPR好比计算机键盘的三个功能键:即 F(发现)、C(剪切)、P(粘贴)。Control/Command加上这三键,一切都在掌控之中。

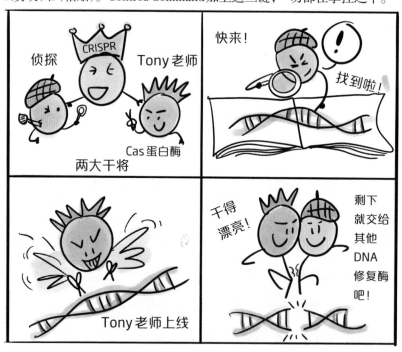

CRISPR因其强大的基因编辑能力,可谓众星捧月。但如果是论资排辈,CRISPR其实是基因疗法的后起之秀。追溯CRISPR历史,早在1987年,日本大阪大学的科学家就在细菌里发现了这么一长串重复序列,之后西班牙科学家莫吉卡(Francis Mojica)正式将这个特殊序列命名为CRISPR,并抽丝剥茧,揭开了它惊人的秘密:CRISPR其实包含了细菌小心保留的有关噬菌体(一种专门对付细菌的病毒)的记忆(噬菌体病毒的DNA),等噬菌体再次入侵时,细菌就可快速识别,继而调用Cas蛋白酶这名大将,将噬菌体病毒的DNA"咔嚓"一剪断了根。

但CRISPR真正踏上基因疗法的舞台,还得益于2012年两位伯乐的推动,她们就是凭借CRISPR摘获2020年诺贝尔化学奖桂冠的杜德纳(Jennifer Doudna)和卡彭蒂耶(Emmanuelle Charpentier)。杜德纳和卡彭蒂耶首次从对CRISPR的纯研究维度中跳脱出来,颇具前瞻性地探索其作为基因编辑工具的可能性,并用它成功编辑了大肠杆菌基因,打响了漂亮的第一枪。

紧接着,来自麻省理工学院年仅30岁的华人科学家张锋与基因组学之父丘奇(George Church)又将CRISPR的应用场景进一步扩大:除了细菌,CRISPR还可以编辑哺乳动物和人类细胞的DNA。如果说,杜德纳和卡彭蒂耶发现了金矿,那张锋和丘奇就开发了开采金矿的工具。

CRISPR对基因疗法来说,无疑是打开了一个新的世界,一方面让CAR-T的体外基因编辑更为便捷,另一方面还可以作为实现体内编辑的工具。

CAR-T有了CRISPR这把好剪刀,简直如虎添翼。CAR-T领头人朱恩敏锐地意识到CRISPR的潜力,成为第一个将CRISPR推向临床应用的CAR-T人。朱恩很谨慎，小试牛刀时临床试验只有三个患者，毕竟CRISPR有没有安全隐患还是未知数。

CAR-T作为免疫疗法的干将，耐力不是很足，于是朱恩对症下药，用CRISPR一口气敲除了三个关键基因。其中两个基因表达T细胞的天然受体，第三个基因则是众所周知的PD-1，也就是调控T细胞活性的关键免疫检查点分子。结果和预期一样，原始的CAR-T细胞在体内不到一周就衰竭而亡，但CRISPR编辑后的细胞在体内竟然神奇地存在长达九个月，可长时间执行其抗肿瘤的使命。

至于CRISPR作为体内基因编辑的工具，我们多次提到的LCA又要隆重登场了，这次是针对 *CEP290* 基因突变引起的LCA遗传性失明。只可惜，在长达两年多的探索后，2021年9月宣布的临床试验结果并未达到预期，六名LCA患者的数据并没有能确认的疗效。消息公布后，其开发企业Editas股价大跌。好在行业在经历了基因疗法数十年的起起落落后，不再有过激反应，而是总结经验教训，继续前行。

更加幸运的是同一年，另一家名为Intellia Therapeutics的企业打了个翻身仗：Intellia开发的TLA-2001是基于CRISPR技术，用于治疗转甲状腺素蛋白淀粉样变性（ATTR）的基因疗法。结果显示六名ATTR患者在接受治疗后，血清TTR量都得到一定程度的降低。

尽管CRISPR展现出了巨大的治疗潜力，但它也是一把双刃剑，硬币的另一面便是可能引发癌症。一些初步研究发现，CRISPR"剪刀"有时可能不只剪切目标基因，还会伤及其他无辜基因，从而提高了基因突变和癌症的发生风险，因此好几个临床都被叫停。

接受基因疗法还会引发癌症？这笔账怎么扒拉都不划算。但这个结论下得为时过早，只能交给时间去给出答案。好消息是，新一代的CRISPR技术层出不穷，比如另一位华人科学家刘如谦推出的单碱基编辑等，就旨在开发更安全高效的CRISPR。

从1970年阿波希安（Vasken Aposhian）等先驱明确提出基因疗法概念以来，经过长达半个世纪的探索，基因疗法似乎总逃不脱着科学和伦理的碰撞。杰西悲剧发生前18年，美国加州大学洛杉矶分校教授的克莱因（Martin Cline），因为迫不及待想要见证基因疗法的奇迹，不顾学校伦理委员会的反对，也无视动物实验证据不足的现实，自作主张飞到意大利和以色列，对两位地中海贫血症患者进行治疗。可想而知，治疗并没有达到预想的结果，克莱因本人也因为违反美国联邦法规受到制裁，被剥夺了系主任的职务。

杰西的死，一方面引发了科学家们对基因疗法的重新思考，另一方面，在客观上减缓了这一领域的发展，也就意味着，那些没有任何治疗方案的患者，在与时间赛跑的有限生命中，和风险与希望并存的疗法擦肩而过。

面对这两难的选择，有些人，比如威尔逊和克莱因，选择铤而走险，他们信奉科技进步带来巨大福祉前定会有人牺牲。威尔逊的办公室里有一张他年轻时在橄榄球场上的照片，旁边装裱着时任美国总统罗斯福（Theodore Roosevelt）的一段演讲词："重要的不是那些批评者，也不是目睹强者摔倒或者指责他们应该做到更好的旁观者。真正的荣誉属于那些站在角斗场上，被尘土、汗水和鲜血模糊面庞的勇士。"

和威尔逊选择不同，另一部分人则秉持尊重个体生命及关怀人类未来的理念，担心这个领域发展太快，悲剧会继续发生，特别是担心强大的CRISPR在哪天被滥用，引发不可想象的后果。

正是在这样的痴狂和理性两股力量的较量间,基因疗法在试错中前行:2003年,中国批准了世界上第一个基因疗法产品Gendicine,用于治疗晚期头颈癌,俄罗斯、西欧等国、美国也分别在2011、2012、2017年给基因疗法开了绿灯。

在基因疗法蓬勃发展的今天,挡在基因疗法眼前的另一座大山就是价格。Luxturna高达85万美元的标签已让公众瞠目结舌,而2022年新获批的Hemgenix更是给出了350万美元的天价,这无疑将很多急需治疗的患者拦在门外。

回首基因疗法,这一路走来和其他癌症疗法的足迹何其相似,可历史告诉我们,无论多么艰难险阻,都应奋勇前进。抗体在几十年的砥砺前行中,顺利发展成常规疗法,成本得到很好的控制,实现了放量生产。骨髓移植曾经历了几欲夭折,在托马斯(Edward Donnall Thomas)等人不懈坚持下,如今已拯救了无数白血病患者。

基因疗法作为癌症治疗一个重要的篇章,让我们看到了人类治疗癌症历程就是一场接力赛。每一个新技术都是关键转折点,为下一阶段铺平了道路。尽管不同的治疗方法各有优缺点,但它们共同描绘出一个令人鼓舞的未来图景,那就是通过跨学科合作和不断的科学创新,拓宽科技进步的维度和可能性,最终战胜癌症这一人类共同的敌人。

后记

当编辑将排版后的初稿发给我，虽然内容已经撰写、阅读、修改过数次，但看到这些文字工工整整码在眼前，还是有一种新的感受，再矫情点，甚至感怀"人生若只如初见"。

而"新"的旋律下，似乎又若隐若现透露着"过时"。从上次定稿到排版，也就约莫个把月的时间。就在这一个月里，当时还"众望所归"的第一个CRISPR基因疗法获批已"尘埃落地"——生物科技正在以前所未有的速度快速发展，而我们何其幸运，能在这宏大浪潮中各取一瓢，无论是坚守一线的科学弄潮儿，还是活跃在产业化前端的创业者，抑或支持创新的政府及投资机构，都共同见证着创新正摧枯拉朽般改变人类无药可医的困境。曾几何时，癌症和绝症之间的等号，变成患者生命的句号，而如今，癌症的后缀进化成分号，虽然依旧是生命故事的分水岭，但已有了柳暗花明又一村的转折和希望。

"希望"，兴许就是我写这本书的初衷。癌症可怕吗？可怕。它并不是一只纸老虎，只要我们壮壮胆子把它捅破，就安然无事。它确实如豺狼虎豹般残暴不讲人情，但我们就只有缴械投降这一个选项吗？不然。本书提到的16计，就是我们不服输的勇气和底气。部分创新方案在医生推荐下，已被患者悉知并挽救无数生命，更多还在探索阶段（临床试验），旨在给暂无治疗方案的患者带去希望。

事实上，不乏同事同仁在亲人朋友遭遇癌症后，帮助其第一时间了解最新疗法，积极参与临床，争取到更多生存机会。如果能将这些行业知识"翻译"成通俗文字，传递给更多读者，是不是这份"希望"就能如细胞分裂般生长？这正是我挥笔的动力所在，期冀更多人触碰到最新医学带来的"希望"。弥补信息鸿沟，兴许能让科学成为更强大的武器，让人类并肩作战，共同战胜癌症这个敌人。

距离科普系列第一篇发表在《知识分子》公众号平台上，已三年余载。有意思的是，和《知识分子》以及叶水送老师结缘，其实源自和科普不搭边的文章。文章末尾提到，如何寻找和外行恰到好处的沟通方式，成为故事讲述人，而不是知识强加者。于是，悄然萌芽的科普想法迈出第一步。之后在叶老师、《知识分子》和《赛先生》读者的鼓励下，从几篇颇为随性的文章，逐渐发展成专栏，又有幸遇到上海科技教育出版社，成全了出书的心愿，以此聊以慰藉父亲经历癌症痛苦折磨时，我无能为力的遗憾。

三年时间，说长不长，说短也不短。感恩家人、朋友、编辑的一路支持。作为首批读者，正是努力让你们"读得明白"的过程中，将这本书尽可能打磨得通俗易懂。感谢林家凌、余棣华、洪明奇等教授在科学道路上亦师亦友。也感谢所有奋战的前辈，你们孜孜不倦和癌症斗智斗勇，沉淀为本书撰写的素材。

这本书，只是一个开始，"希望"之旅将会继续，直挂云帆济沧海。

写于2024年9月